送電線の線路定数

埴野　一郎　著

「d-book」
シリーズ

http：//euclid.d-book.co.jp/

電気書院

目　次

1　直列抵抗　　3

2　直列インダクタンス

- 2・1　往復2電線からなる回路のインダクタンス …………………… 5
- 2・2　3相3線式1回線のインダクタンス ………………………………… 9
- 2・3　3相3線式2回線のインダクタンス ………………………………… 10
- 2・4　3線または6線，大地帰路のインダクタンス ……………………… 10
- 2・5　複導体送電線のインダクタンス ……………………………………… 11
- 2・6　より線のインダクタンス ……………………………………………… 12
- 2・7　架空電線のたるみと直列抵抗，直列インダクタンス ……………… 13
- 2・8　インダクタンスの実測値と計算値 …………………………………… 13
- 2・9　地中ケーブルのインダクタンス ……………………………………… 14

3　直列インピーダンス　　17

4　並列キャパシタンス

- 4・1　往復2架空電線のキャパシタンス …………………………………… 19
- 4・2　1電線と大地間のキャパシタンス …………………………………… 20
- 4・3　2電線と大地の各キャパシタンス …………………………………… 20
- 4・4　部分キャパシタンス …………………………………………………… 22
- 4・5　2電線一括のキャパシタンス ………………………………………… 22
- 4・6　3相3線式の各キャパシタンス ……………………………………… 23
- 4・7　3電線一括のキャパシタンス ………………………………………… 25
- 4・8　架空地線のある3相3線式1回線・2回線のキャパシタンス ……… 26
- 4・9　架空地線と2回線対地キャパシタンス ……………………………… 29
- 4・10　単心ケーブルのキャパシタンス …………………………………… 29
- 4・11　ケーブル断面中任意の位置にある心線の電位 …………………… 30

    4·12 3心ケーブルのキャパシタンス …………………………………… 31

    4·13 複導体送電線のキャパシタンス …………………………………… 33

5　並列アドミタンス　　　　　　　　　　　　　　　　　　　　　34

6　零相分，正相分，逆相分インピーダンスとアドミタンス

    6·1 零相分インピーダンスとアドミタンス ………………………… 36

        (a)　零相分インピーダンス ………………………………………… 36

        (b)　零相分アドミタンス …………………………………………… 36

    6·2 正相分インピーダンスとアドミタンス ………………………… 36

        (a)　正相分インピーダンス ………………………………………… 36

        (b)　正相分アドミタンス …………………………………………… 37

    6·3 逆相分インピーダンスとアドミタンス ………………………… 37

7　演習問題　　　　　　　　　　　　　　　　　　　　　　　　　38

    演習問題の解答 ……………………………………………………………… 42

電線	将来はとにかく，現代の送配電線路はすべて金属導体により電力伝送を行っている．**電線**としての必要条件は，(1) 電導度が高く，(2) 機械強度と伸びが大であり，かつ，(3) 比重が小さく，(4) 耐久性に富み，(5) 安価でなければならない．
より線	使用金属としては，銅，アルミニウムおよびそれらを主体とする合金であって，きわめて断面積の小なる場合を除いては，取扱いの便宜上から，**より線**（stranded cable）を使用している．
鋼心アルミより線	図は，架空送電線として，もっとも多く使われている**鋼心アルミより線**（aluminium covered steel reinforced cable，ACSRと略称）の断面の一例を示す．アルミは表でわかるように，引張り強度が低いので，亜鉛めっき鋼線を中心に使用し，ACSRとして強度を増しているが，図の場合は，7本の鋼より線の上に，同一直径のアルミの素線（component wire）を巻いたものである．

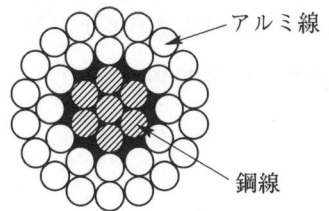

鋼心アルミより線

裸電線の性能

性能\品名	導電率 [%]	抵抗率 [20℃] 体積抵抗率 [μΩcm]	抵抗率 [20℃] 質量抵抗率 [Ω/m-g]	抵抗の定質量温度係数 [20℃]	密度 (20℃) [g/cm³]	引張り強さ [kg/mm²]	弾性限度 [kg/mm²]	弾性係数 [kg/mm²]	線膨張係数 [℃につき]
国際標準軟銅	100	1.7241	0.15328	0.00393	8.89	—	—	—	0.000017
硬銅線	98〜96	1.7593 1.7958	0.15641 0.15967	0.00385 0.00377	8.89	35〜48	17.5〜31.5	9 000〜12 500	0.000017
カドミウム銅線	88 85	1.9592 2.0284	0.17418 0.18033	0.00346 0.00334	8.89	52〜62	25.0〜42.0	10 000〜13 000	0.000017
けい銅線	50 45 40	3.4482 3.8313 4.3103	0.30656 0.34062 0.38820	0.00197 0.00177 0.00157	8.89	54〜68	25.0〜45.0	10 000〜13 000	0.000017
硬アルミ線	60	2.3265	—	0.00397	2.70	15〜17	約9〜10	約6 300	0.000023
イ号アルミ合金線	52	3.3156	—	0.0036	2.70	31.5	約20	約7 000	0.000023
銅覆鋼線（40%導電率）	40	—	—	0.004	8.18	76〜100	38.65	約14 000	0.000013
鋼心アルミより線用亜鉛めっき鋼線	—	—	—	—	7.80	125〜140	70〜95	約21 000	0.0000115
亜鉛めっき鋼線	12〜8	—	—	0.005	7.80	55〜100	27.5〜65.0	17 500〜20 500	0.000012

（注）体積抵抗率は，1 cm³の体積のものの抵抗を示し，質量抵抗率は質量1 g，長さ1 mのものの抵抗を示す．

いま，素線の直径をd，断面積をa，素線層をn，重量をwおよび抵抗をrとすれば，素線総数 $N = 3n(1+n) + 1$，より線の外径 $D = (1+2n)d$，より線の断面積 $A = aN$ となるが，より線としての構造上，重量は $W = (1+k)wN$，抵抗は $R = (1+$

| より込み率 | $k)\dfrac{r}{N}$ となるのであって，k を**より込み率**といい，図の場合では2％程度である．なおより線の最外部の層は，常に右よりにする．

　電線としては，ACSR以外に，硬銅より線も従来よく使われている．このほかにけい銅線，カドミウム銅線，C合金線などの銅合金線は，**表**に示す銅の強度を一層高めるためである．また，アルミ線にも，その強度を増すためイ号アルミ合金線がある．

| 線路定数 | 　このテキストでは，送配電線路の電気的特性を左右する**線路定数**（line constants）を解説しようとするのであるが，架空線であろうと地中線であろうと，また送電線・配電線とを問わず，あるこう長の電線のある限り，**線路定数**は存在する．線路定数は，直列インピーダンス（series impedance）を形成する直列抵抗（series resistance）と直列インダクタンス（series inductance）からなり，また並列アドミタンス（shunt admittance）を形成する並列コンダクタンス（shunt conductance）と並列キャパシタンス（shunt capacitance）からなる．

1　直列抵抗

体積抵抗率　　　均一の断面積 a の長さ l なる電線の抵抗 R は，抵抗率（specific resistance）を ρ とすれば，$R = \rho l/a$ で表わされるが，ρ はいわゆる**体積抵抗率**（volume resistivity）であって，各種金属に対する ρ は**表**に示されている．また硬銅より線は JIS C 3105,ACSR は JIS C 3110，同素線は JIS C 3108 に，それぞれ電線表として，実用上の km あたりの抵抗が与えられているので，ぜひ参照されたい．

硬銅線　　　ここにいう**硬銅線**ないしは**硬アルミ線**とは，銅棒（ingot）から作られた径15mm
硬アルミ線　　程度の荒引線を，ダイヤモンド・ダイスを数回通して，しだいに必要直径の素線にしたものをいうのであって，加工度数が増すほど，導電率（conductivity）が減退していく．

さて，現在使われている導電率の基準は，国際電気標準会議（international electrotechnical commission，略して IEC）で決定されたものであるが，その内容は，**表**の初めの欄を見られたい．

この基準に従えば，硬銅線および硬アルミ線の各素線の導電率は，97％および61％であって，硬アルミ線は硬銅線の2/3強の導電率である．鋼線は特殊の場合を除いて使われないが，導電率は約10％に過ぎない．なお，基準導電率における体積抵抗率を，別の表現すなわち $l = 1\mathrm{m},\ a = 1\mathrm{mm}^2$ とすれば，$\rho = 1/58\ [\Omega/\mathrm{m}\cdot\mathrm{mm}^2]$ となるので，もし導電率が $c\ [\%]$ となれば，$\rho = (1/58) \times (100/c)\ [\Omega/\mathrm{m}\cdot\mathrm{mm}^2]$ に変化する．

上記，基準導電率ないしは体積抵抗率は，すべて 20℃ を基準にしているが，一般の電線用金属導体は，温度上昇により抵抗が増す．いま，基準温度 $t_0\ [℃]$ において $R_{t0}\ [\Omega]$ の電線抵抗は，温度が $t\ [℃]$ に上昇したとき，$R_t = R_{t0}\{1 + \alpha_{20}(t - t_0)\}\ [\Omega]$ となるので，**抵抗の温度係数** α_{20} は，基準温度によって相違する．$t\ [℃]$

抵抗の温度係数　　を基準とした場合の温度係数 α_t は，

$$\alpha_t = \frac{1}{\dfrac{1}{\alpha_{20}} + (t - 20)} \tag{1・1}$$

で与えられる．

電線抵抗　　　これまでに示した**電線抵抗**は，その断面に均等な密度で電流が通じているとした抵抗，いいかえれば直流に対する抵抗である．ところが，交流の場合，電線断面積
表皮作用　　　が大となるか，または周波数が大となると，**表皮作用**（skin effect）が現われて，直流の場合の抵抗よりも抵抗値が大きくなる．その理由は，電線断面内の中心部ほど，磁力線鎖交数が大となるので，インダクタンスが大きくなる．したがって，リアクタンスが大となるから，中心部へは電流が通りにくくなり，電線表面に向かうにつれ通りやすくなる．よって，断面の電流密度が一定でなくなるので，上述のように

1　直列抵抗

実効抵抗 | 直流抵抗 R_0 よりは，交流の場合の**実効抵抗** R（effective resistance）が大となる．表1・1に表皮作用の一例を示す．

表1・1　硬銅線の交流抵抗の直流抵抗に対する比

硬銅線の断面積〔mm^2〕	R/R_0					
	50Hz			60Hz		
	50°C	65°C	75°C	50°C	65°C	75°C
500	1.055	—	—	1.073	—	—
1 000	1.192	1.175	1.164	1.262	1.242	1.225

　この表を見ると，電線断面積が太くなるにしたがって，R/R_0 が大となることがわかり，また周波数が50Hzより60Hzになると一層 R/R_0 が大きくなり，交流抵抗は直流抵抗に対し1¼倍にもなる．なお，電線温度が高いほど表皮作用が著しくなくなるのは，温度が高くなると，温度係数による抵抗増加があるから，表皮作用による抵抗の増加率が低くなるのは明らかであろう．

　上記，表皮作用は，太い単線の場合であるが，前に述べたように，一般の送配電線ではより線を使うので，素線自体は細いから，表皮作用はほとんど認められない程度である．したがって，より線としての直流抵抗をそのまま交流抵抗と見なしてさしつかえない．

　表1・1は，硬銅線について示したのであるが，アルミ線については，導電率が低いので，表皮作用は著しくない．なお，ACSRでは，鋼心の導電率を無視し，アルミ部だけに電流が通るものと考える．

2 直列インダクタンス

インダクタンス | 電気回路における**インダクタンス**（inductance）は，力学系統における質量に対応するものであって，いかなる回路にも存在し，加えられる起電力の種類にかかわらないことを，明確にしておくべきである．また，インダクタンスは，一つの回路に1Aが通じているときの磁力線鎖交数（no. of flux interlinkages），すなわち磁力線（magnetic flux）と巻線回数（no. of turns）との積をもって表わされる．

2・1 往復2電線からなる回路のインダクタンス

　この節でいう往復2電線とは，交流回路としての単相2線式，直流回路の同じく2線式，あるいは電信電話回線であってもよい．

　一般的に，図2・1のように，r_1〔m〕，r_2〔m〕の半径をもつ比透磁率（specific permeability）μ_sの2電線が線間距離（spacing，中心間距離をとる）D〔m〕をもって配置され，長さ無限大と考える．

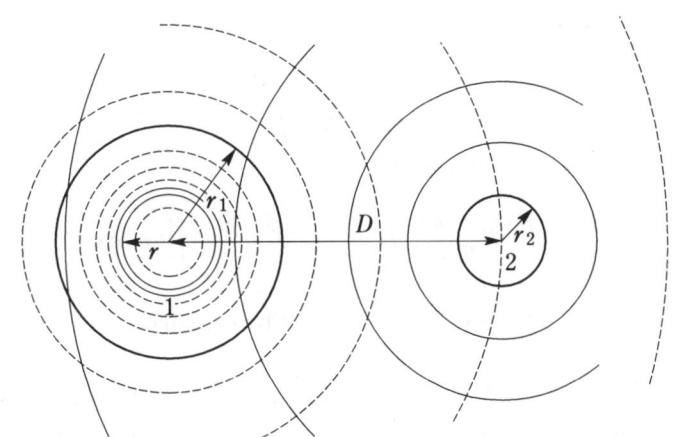

図2・1

磁束密度 | しかるとき，電線1の外部で，中心からS_1〔m〕のかなり遠距離のP点において，電線1により生ずる**磁束密度**（flux density）は，電線1の電流を$\dot{I}_1$〔A〕とすれば，

$$\dot{B}_{01}=\frac{2\dot{I}_1}{S_1}\times 10^{-7} \text{〔Wb/m}^2\text{〕} \tag{2・1}$$

であり，また電線1の内部で，中心からx〔m〕における磁束密度は，

$$\dot{B}_{i1}=\mu_s\frac{2\dot{I}_1}{r_1^2}x\times 10^{-7} \text{〔Wb/m}^2\text{〕} \tag{2・2}$$

となる．式(2・2)において，電流は電線断面に均等に通じていると仮定している．

　つぎに，電線2の中心から，前記のP点までの距離をS_2〔m〕とすれば，電線2の

2 直列インダクタンス

i_2〔A〕によってP点に生ずる磁束密度は,

$$\dot{B}_{02} = \frac{2\dot{I}_2}{S_2} \times 10^{-7} \quad \text{〔Wb/m}^2\text{〕} \tag{2・3}$$

となり,電線2の内部では,式(2・2)と同様に,

$$\dot{B}_{i2} = \mu_s \frac{2\dot{I}_2}{r_2^2} x \times 10^{-7} \quad \text{〔Wb/m}^2\text{〕} \tag{2・4}$$

により表わされる．以上4式は,いずれも円筒状無限長の導体の内外における磁束密度を与える式であって,これらがどうして出てくるかについては,電気磁気学を十分復習されることを希望したい．

さて,電線1と2が,無限長の巻線回数1の回路をなすものとして,電線1の1mあたりに対する**磁束鎖交数**を求める．電線1の1mあたりの磁束鎖交数は,電線1自身の内外において作る磁束が電線1と鎖交するもののほかに,電線2の作る磁束のうち,電線2の中心からD以上の距離に存在する磁束は,電線1と鎖交するものと考えなければならない（Dに比してr_1がかなり小さいので,D以上とした）．

磁束鎖交数

電線1の外部において,中心からS_1までの間に,電線1と同心円をなす任意半径x〔m〕と$x+dx$〔m〕を考えると,幅dxで1mの帯状断面を通り,電線1によって発生する磁力線は,$\dot{B}_{01}dx$〔Wb/m〕であるので,$B_{01}dx$が電線1全部と鎖交するから,P点までの磁束鎖交数ψ_{01}は,

$$\dot{\psi}_{01} = \int_{r_1}^{S_1} \dot{B}_{01} dx = 2\dot{I}_1 \times 10^{-7} \int_{r_1}^{S_1} \frac{dx}{x}$$
$$= 2\dot{I}_2 \times 10^{-7} \log_\varepsilon \frac{S_1}{r_1} \quad \text{〔Wb・turn/m〕} \tag{2・5}$$

また,電線1の内部で,外部におけると同様に,中心から任意半径xのつぎに,dxの微少半径増加を考えた場合の磁力線$\dot{B}_{i1}dx$〔Wb/m〕は,電線1全部ではなく,x^2/r_1^2の巻線回数と鎖交するのであるから,半径xにおける磁力線鎖交数は,$\dot{B}_{i1}(x^2/r_1^2)dx$でなければならないので,電線1の内部における磁力線鎖交数$\dot{\psi}_{i1}$は,

$$\dot{\psi}_{i1} = \int_0^{r_1} \dot{B}_{i1} \frac{x^2}{r_1^2} dx = 2\dot{I}_1 \times 10^{-7} \frac{\mu_s}{r_1^4} \int_0^{r_1} x^3 dx$$
$$= \frac{\mu_s}{2} \times 10^{-7} \quad \text{〔Wb・turn/m〕} \tag{2・6}$$

一方,電線2の作る磁力線が,電線1との磁力線鎖交数をDからP点までのS_2について求めると,

$$\dot{\psi}_{21} = \int_D^{S_2} \dot{B}_{i2} dx = 2\dot{I}_2 \times 10^{-7} \int_{D_1}^{S_2} \frac{dx}{x}$$
$$= 2\dot{I}_2 \times 10^{-7} \log_\varepsilon \frac{S_2}{D} \quad \text{〔Wb・turn/m〕} \tag{2・7}$$

となる．

よって,並行2電線の無限長回路の電線1に対する1mあたりのP点までの全磁力線鎖交数$\dot{\psi}_1$は,

$$\dot{\psi}_1 = \dot{\psi}_{01} + \dot{\psi}_{i1} + \dot{\psi}_{21}$$

2·1 往復2電線からなる回路のインダクタンス

$$= \dot{I}_1 \times 10^{-7} \left(2\log_\varepsilon \frac{S_1}{r_1} + \frac{\mu_s}{2} \right) + 2\dot{I}_2 \times 10^{-7} \log_\varepsilon \frac{S_2}{D} \quad [\text{Wb·turn/m}] \quad (2\cdot8)$$

同様にして，電線2の磁力線鎖交数 $\dot{\psi}_2$ は，

$$\dot{\psi}_2 = \dot{\psi}_{02} + \dot{\psi}_{i2} + \dot{\psi}_{12}$$

$$= \dot{I}_2 \times 10^{-7} \left(2\log_\varepsilon \frac{S_2}{r_2} + \frac{\mu_s}{2} \right) + 2\dot{I}_1 \times 10^{-7} \log_\varepsilon \frac{S_1}{D} \quad [\text{Wb·turn/m}] \quad (2\cdot9)$$

(a) 往復2電線の場合

往復であるので，$\dot{I}_1 = -\dot{I}_2 = \dot{I}$ [A] であり，かつ電線1と2の半径を $r_1 = r_2 = r$ [m] とすれば，式 (2·8) はつぎのとおりになる．

$$\dot{\psi}_1 = \dot{I} \times 10^{-7} \left(2\log_\varepsilon \frac{D}{r} + 2\log_\varepsilon \frac{S_1}{S_2} + \frac{\mu_s}{2} \right)$$

となる．ところが S_1 と S_2 すなわち電線1および2の各中心からP点までの距離を，非常に遠いものとすれば，$S_1/S_2 = 1$ となるから，

$$\dot{\psi}_1 = \dot{I} \times 10^{-7} \left(2\log_\varepsilon \frac{D}{r} + \frac{\mu_s}{2} \right) \quad [\text{Wb·turn/m}] \quad (2\cdot10)$$

となる．$\dot{\psi}_2$ は式 (2·10) の符号を負にしたものであるから略す．

したがって，往復線をもって1巻線回数とする場合の [m] あたりの電線1条に対するインダクタンスは，$\dot{I} = 1$A のときの磁力線鎖交数であるから，

$$L = \frac{\dot{\psi}_1}{\dot{I}} = \left(2\log_\varepsilon \frac{D}{r} + \frac{\mu_s}{2} \right) \times 10^{-7} \quad [\text{H/m}] \quad (2\cdot11)$$

式 (2·11) を [mH/km] で表わすと，

$$L = 0.4605 \log_{10} \frac{D}{r} + 0.05 \mu_s \quad [\text{mH/km}] \quad (2\cdot12)$$

μ_s としては，普通，銅より線ないしACSRを使うので，$\mu_s = 1$ としてよい．すでに述べたように，ACSRの鋼心には，導電率が低いので電流が通らないとしてよいから，鋼心の μ_s を考えるにはおよばない．したがって式 (2·12) は，

$$L = 0.4605 \log_{10} \frac{D}{r} + 0.05 \quad [\text{mH/km}] \quad (2\cdot13)$$

この式 (2·13) の L は，往復線すなわち $\dot{I}$ と $-\dot{I}$ が通じている場合のインダクタンスであって，平衡状態の交流単相2線式または直流2線式の1本1kmあたりのインダクタンスであるので，これをとくに**作用インダクタンス**（working inductance）と名づける．

作用インダクタンス

(b) 大地を帰路とする1電線の場合

大地上 h [m] の高さで，半径 r [m]，$\mu_s = 1$ なる無限長の1電線があって，これと大地とを往復線とする場合のインダクタンスを考える．帰路が大地であるから，土壌の抵抗率や加えられた起電力の周波数によって異なるが，帰路の断面における電流の分布は，常識的にもかなりの広がりをもつことが，容易に想像される．

図2·2は，この場合の想像断面であって，帰路は大地面下 H [m] の深さに中心 1′

2 直列インダクタンス

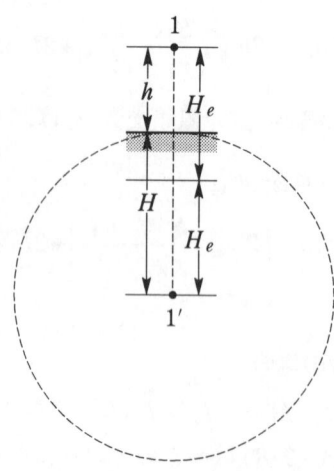

図2・2

で，半径 H [m] なる円断面と考えれば，電線1と1'の線間距離は $h+H=2H_e$ という往復2電線回路となる．この H_e を**相当大地面の深さ**（equivalent earth depth）といい，電力周波数における日本の実測結果は，火成岩からなる第3紀以前の山岳地帯で900m，水成岩からなる第3紀の山地で600m，これより新しい地層からなる平地では300m程度であるといわれている．したがって，この H_e を想定できれば，電線1だけの1mあたりのインダクタンス L_1 は，

$$L_1=\left(2\log_\varepsilon \frac{2H_e}{r}+\frac{1}{2}\right)\times 10^{-7} \text{ [H/m]} \tag{2・11}'$$

となることは式 (2・11) から容易にわかる．

ところで，帰路は半径 H [m] と考えたから，$h+H=2H_e$ の線間距離の場合の帰路のインダクタンスは，

$$L_1'=\left(2\log_\varepsilon \frac{2H_e}{H}+\frac{1}{2}\right)\times 10^{-7} \text{ [H/m]} \tag{2・11}''$$

しかるに，式 (2・11)'' の第1項中 H が大きいので，$2H_e/H \simeq 1$ とり，

$$L_1'=\frac{1}{2}\times 10^{-7} \text{ [H/m]} \tag{2・11}'''$$

とおける．

よって，電線1およびその大地帰路を示す電線1'とで構成される回路の**自己インダクタンス**（self-inductance）L は，

$$L_{e1}=L_1+L_1'=\left(2\log_\varepsilon \frac{2H_e}{r}+1\right)\times 10^{-7} \text{ [H/m]} \tag{2・14}$$

をもって与えられる．

(c) 大地を帰路とする2電線の場合

前項 (b) のような電線が，図2・3のように地上高 h，線間距離 D をおいて2電線があり，それぞれに $\dot{I}_1$ [A] および $\dot{I}_2$ [A] が通じているとする．いま電線1に対するインダクタンスを求めるにあたり，$\dot{I}_1=-\dot{I}_2=1$ A とし 1－2' 間の距離 $\sqrt{D^2+(2H_e)^2} \simeq 2H_e$ とすると，

$$L=\left\{\left(\frac{1}{2}+2\log_\varepsilon \frac{2H_e}{2}\right)-2\log_\varepsilon \frac{2H_e}{D}\right\}\times 10^{-7}$$

相当大地面の深さ

自己インダクタンス

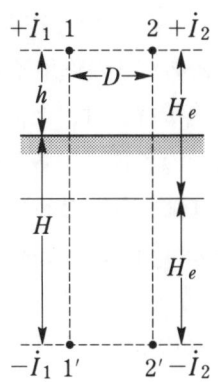

図 2·3

$$= \left\{ \left(1 + 2\log_\varepsilon \frac{2H_e}{r}\right) - \left(\frac{1}{2} + 2\log_\varepsilon \frac{2H_e}{D}\right)\right\} \times 10^{-7} \text{ [H/m]} \quad (2\cdot15)$$

式(2·15)において，右辺第1項はL_{e1}であり，第2項をL_{em}とおくと，

$$L_1 = L_{e1} - L_{em}$$
$$= \left(2\log_\varepsilon \frac{D}{r} + \frac{1}{2}\right) \text{ [H/m]} \quad (2\cdot16)$$

となる．

相互インダクタンス｜ L_{e1} は 1−1′ 回路の自己インダクタンスであり，L_{em} は 1−1′ と 2−2′ 両回路間の**相互インダクタンス**であって，両者の差が作用インダクタンスに相等しい．

(d) 2電線一括の場合

2電線に同一電流，すなわち $\dot{I}_1 = \dot{I}_2 = 1\text{A}$ 両線を一括して，大地との間に単相または直流起電力を加えると，

$$L_{e2} = \left\{\left(2\log_\varepsilon \frac{2H_e}{r} + 1\right) + \left(2\log_\varepsilon \frac{2H_e}{D} + \frac{1}{2}\right)\right\} \times 10^{-7}$$
$$= L_{e1} + L_{em}$$
$$= \left\{2\log_\varepsilon \frac{(2H_e)^2}{rD} + \frac{3}{2}\right\} \times 10^{-7} \text{ [H/m]} \quad (2\cdot17)$$

式(2·17)は1電線あたりのインダクタンスであることはもちろんであるから，2電線一括した場合のそれは，式(2·15)の1/2となる．式(2·17)を実用式に直すと，下式となる．

$$L_{e2} = 0.4605 \log_{10} \frac{(2H_e)^2}{rD} + 0.15 \text{ [mH/km]} \quad (2\cdot18)$$

2·2 3相3線式1回線のインダクタンス

同一半径 r の無限長3電線 1, 2 および 3 が，それぞれ線間距離 D を相等しくするとき，3電線に平衡3相電流が通じて $\dot{I}_1 + \dot{I}_2 + \dot{I}_3 = 0$ であるとすれば $\dot{I}_1 = -(\dot{I}_2 + \dot{I}_3)$ であるから，電線1に対する磁力線鎖交数は，$\dot{I}_1$ 自身によって生ずるものと $\dot{I}_2$ および $\dot{I}_3$ によって生ずるものとの総和であるが，線間距離が相等しいことと，$\dot{I}_2$ +

$\dot{I}_3 = -\dot{I}_1$ なることから，まったく往復2電線の場合にほかならない．したがって，平衡3相式の場合の各相あたりの作用インダクタンスは，式 (2·13) で計算される．

しかし，一般の3相送電線路は，上記のように線間距離を等しくすることがない．すなわち，不等辺3角形の各頂点に各電線が配置されているので，3電線の磁束鎖交数は，たとえ平衡3相電流であったとしても，それぞれ値を異にするので，送電線路の全こう長（total distance of transmission line）に対し，3電線の磁束鎖交数を平均化させる．その具体的方法としては，各電線の位置を全こう長に対し機会均等に配置する．すなわち，最初の1/3こう長は (1-2-3)，つぎの1/3は (2-3-1)，終りの1/3は (3-1-2) というように最小限の配置転換を行えば，各電線の磁束鎖交数はみな平均するので，**インダクタンス**はつぎのような平均値となる．

インダクタンス

$$L = \frac{1}{3}(L_1 + L_2 + L_3)$$
$$= \left(\frac{1}{2} + 2\log_\varepsilon \frac{\sqrt[3]{D_{12} D_{23} D_{31}}}{r}\right) \times 10^{-7}$$
$$= \left(\frac{1}{2} + 2\log_\varepsilon \frac{D_g}{r}\right) \times 10^{-7} \ \text{[H/m]} \quad (2 \cdot 19)$$

幾何平均線間距離

この式において，$D_g = \sqrt[3]{D_{12} D_{23} D_{31}}$ は**幾何平均線間距離**（geometrical mean distance）という．この D_g を使えば，どんな3電線の配置であっても，平衡3相電流が通じている場合のインダクタンスを求められるので，単相2線式のインダクタンスとまったく相等しくなる．

撚架

3電線の配置転換は，できるだけ回数が多いほどよいことは明白であるが，実際上多きを望め得ない．このような配置転換のことを，**撚架**（transposition）と名づける．3相送電線路において，もし撚架を行わないとすると，平衡3相電流を通じたとすれば，各電線の磁束鎖交数が異ってくるので，3電線の線間電圧に不平衡をきたし，電流と同相成分の電圧も現われる．しかし，撚架を行えば，この電流と同相成分の電圧，すなわち抵抗分は相殺されてしまう．

2·3　3相3線式2回線のインダクタンス

3相1回線1，2および3のほかに，さらに3相3線式1回線が並行して存在する場合に，それを1′，2′および3′とすれば，各回線の3電線を十分に撚架したように，回線間をさらに十分よれば，各回線に3相平衡電流が存在する場合，インダクタンスは皆平均して，単相ないし3相1回線の場合のインダクタンスとまったく相等しくなる．

2·4　3線または6線，大地帰路のインダクタンス

断わるまでもなく，3線または6線は，すべて回線自身および回線間に撚架が十分

であるとし，かつ3線または6線がそれぞれ一括されて大地との間に単相起電力が与えられ，$\dot{I}_1 = \dot{I}_2 = \dot{I}_3 = \dot{I}_1' = \dot{I}_2' = \dot{I}_3' = 1\mathrm{A}$ であったとすれば，2·1(c) の場合と同様に，

3線一括　3線一括の場合の1線あたり

$$L_{e3} = L_{e1} + 2L_{em}$$

$$= \left\{\left(2\log_\varepsilon \frac{2H_e}{r} + 1\right) + 2\left(2\log_\varepsilon \frac{2H_e}{D_g} + \frac{1}{2}\right)\right\} \times 10^{-7}$$

$$= \left(2\log_\varepsilon \frac{(2H_e)^3}{rD_g^2} + 2\right) \times 10^{-7} \ [\mathrm{H/m}] \tag{2·20}$$

$$= 0.4605\log_{10} \frac{(2H_e)^3}{rD_g^2} + 0.2 \ [\mathrm{mH/km}] \tag{2·21}$$

6線一括　また，6線一括の場合の1線あたり

$$L_{e6} = L_{e1} + 2L_{em} + 3L_{em}'$$

$$= \left\{\left(2\log_\varepsilon \frac{2H_e}{r} + 1\right) + 2\left(2\log_\varepsilon \frac{2H_e}{D_g} + \frac{1}{2}\right) + 3\left(2\log_\varepsilon \frac{2H_e}{D_g'} + \frac{1}{2}\right)\right\} \times 10^{-7}$$

$$= \left\{2\log_\varepsilon \frac{(2H_e)^3}{rD_g^2} + 2 + 2\log_\varepsilon \frac{(2H_e)^3}{(D_g')^3} + \frac{3}{2}\right\} \times 10^{-7} \ [\mathrm{H/m}] \tag{2·22}$$

幾何平均回線間距離　式 (2·22) において，D_g' は回線間の**幾何平均回線間距離**であって，幾何平均線間距離 D_g と同様に，つぎのとおりになる．

$$D_g' = \left\{\sqrt[3]{D_{11}'D_{12}'D_{13}'} \cdot \sqrt[3]{D_{21}'D_{22}'D_{23}'} \cdot \sqrt[3]{D_{31}'D_{32}'D_{33}'}\right\}^{1/3} \ [\mathrm{m}] \tag{2·23}$$

ところで，3相2回線の場合，D_g と D_g' とは，使用電圧の大きい送電線ほど D_g' と D_g との差が少なくなるので，$D_g' \simeq D_g$ とおいてよい場合が多い．しかるときは，

$$L_{e6} \simeq L_{e1} + 5L_{em}$$

$$= \left\{2\log_\varepsilon \frac{(2H_e)^6}{rD_g^5} + \frac{7}{2}\right\} \times 10^{-7} \ [\mathrm{H/m}] \tag{2·24}$$

$$= 0.4605\log_{10} \frac{(2H_e)^6}{rD_g^5} + 0.35 \ [\mathrm{mH/km}] \tag{2·25}$$

合成インダクタンス　となる．なお，式 (2·22) は3線一括1線あたり，また式 (2·25) は6線一括1線あたりであるから，**合成インダクタンス**は3線一括の場合は，式 (2·22) の1/3，また6線一括の場合は，式 (2·25) の1/6をとればよい．

2·5　複導体送電線のインダクタンス

複導体　最近の超高圧送電線，とくに架空線に**複導体**（bundle conductor, Bundel Leitung）が多く採用されるようになった．これは1相に数本の素線を使う方法であるが，もっとも大きい目的は，直列インダクタンスを低減することにある．

いま，半径 r [m] の2素線が，垂直または水平に S [m] に配列されたものを往路

とし，同一半径，同一配置の2素線を復路とすれば，線間距離がD〔m〕である場合，2·1で述べたと同様の理論により，この場合のような2複導体系の1素線に対する磁束鎖交数$\dot{\psi}_1$は，通ずる電流が$\dfrac{\dot{I}}{2}$〔A〕であるから，

$$\dot{\psi}_1 = \left(2\log_\varepsilon \frac{S_1}{r} + \frac{1}{2} + 2\log_\varepsilon \frac{S_2}{S} - 2\log_\varepsilon \frac{S_3}{D} - 2\log_\varepsilon \frac{S_4}{\sqrt{D^2+S^2}}\right)\frac{\dot{I}}{2}$$

〔Wb·turn/m〕　(2·26)

式(2·26)において，S_1，S_2，S_3およびS_4は，4素線の各中心から考えた同じ断面上のP点までの距離を示す．P点が，これまた遠い点だとし，かつ $\dot{I} = 1$A とすれば，電線1本のインダクタンスは下記のとおりになる．

$$\begin{aligned}L_1 &= \log_\varepsilon \frac{1}{rS} + \frac{1}{4} - \log_\varepsilon \frac{1}{D\sqrt{D^2+S^2}} \\ &= \log_\varepsilon \frac{D\sqrt{D^2+S^2}}{rS} + \frac{1}{4} \\ &= \log_\varepsilon \frac{D^2}{rS} + \frac{1}{4} = 2\log_\varepsilon \frac{D}{\sqrt{rS}} + \frac{1}{4} \quad \text{〔H/m〕} \end{aligned} \qquad (2·27)$$

等価半径　この式(2·27)は，単導体の往復2電線の場合の1線1kmあたりのインダクタンスと異なるところは，r が $\sqrt{rS}$ となったことが第一で $\sqrt{rS}$ は2素線の場合の**等価半径**(equivalent radius)ともいえるものであり，また電線内部のインダクタンスは 0.25 H/km となったことが第二に違う点である．

よって，もし1相がn素線の複導体であり，n素線の相互間隔が S_{12}, S_{23}, …, $S_{n-1,n}$ であり，また往復線の線間距離が $D_{11'}$, $D_{22'}$, …, $D_{nn'}$ である場合に，線間距離に比べ，n素線の相互間隔が小さい場合が普通であるので，$S_{12} = S_{23} = \cdots = S_{n-1,n} = S$ とおきうるし，あるいは正確に素線間幾何平均距離を求めてもよい．

また，$D_{11'} = D_{22'} = \cdots = D_{nn'} = D$ とも考えてよいから，1素線あたりの磁束鎖交数は，

$$\dot{\psi}_1 = \left\{2\log_\varepsilon \frac{1}{r} + \frac{1}{2} + (n-1)2\log_\varepsilon \frac{1}{S} - 2n\log_\varepsilon \frac{1}{D}\right\}\frac{\dot{I}}{n} \quad \text{〔Wb·turn/m〕} \qquad (2·28)$$

したがって，$\dot{I} = 1$A すなわち，インダクタンスL_1は，

$$L_1 = \left(2\log_\varepsilon \frac{D}{\sqrt[n]{rS^{n-1}}} + \frac{1}{n}\right) \quad \text{〔H/m〕} \qquad (2·29)$$

n素線の複導体の場合の**等価半径**は $\sqrt[n]{rS^{n-1}}$ であることがわかる．

したがって，平衡3相電流が1回線の場合であっても，また2回線の場合であっても，複導体の1相1素線1kmあたりのインダクタンスは，2導体の場合は式(2·27)で，またn導体の場合は式(2·29)で表わされることがわかる．

2·6　より線のインダクタンス

これまでに示したインダクタンスを与える計算式において，使用した電線半径は，

より線 | すべて単線として扱ったのであるが，すでに述べたように，硬銅線ないしはACSRは，それぞれより線を使っている．この場合，硬銅より線の断面積を与える等価単線としての半径を使用すると，電線外部のインダクタンスが少し大きく求められるし，また，より線に外接する円の半径をもって単線の半径とすると，インダクタンスは小さくなる．よって，等価断面積に対する半径を使ったほうが無難であろう．その上，より線の内部においても，素線の実長がより線のそれよりも長いことと，素線間の相互インダクタンスがあるなどで，より線の内部インダクタンスは，単線の0.05mH/kmよりも幾分大きくなり，硬銅より線の7本よりでは0.0642，19本よりでは0.0554mH/kmとなる．

一方，ACSRでは，鋼心に電流が通らないと考えてよいから，アルミ部の断面は中空となるので，内部における磁束鎖交数は少なくなるから，インダクタンスは小さくなるはずのところ，7本よりでは，素線長と素線間の相互インダクタンスのために，内部インダクタンスは0.064mH/kmにも増すが，37本より（鋼心7本）では0.0461，61本よりでは0.0436mH/kmにかえって減少する傾向がある．

2·7　架空電線のたるみと直列抵抗，直列インダクタンス

弛度
たるみ

架空電線を鉄塔，木柱その他の支持物に添架するのであるが，電線の強度を考えて，径間（span）の中央で，最大の弛度すなわちたるみ（dip）をもたせる．このため，径間長と電線の実長とに大きな開きがあるように見えるが，事実径間長を長さとして，直列抵抗や直列インダクタンスを考えてさしつかえない．ただ大地を帰路とするインダクタンスを考える場合，上記，たるみをd〔m〕であるとすれば，径間の両端が同一高さの支持点であれば，径間中の電線の平均高さは $h=h_0-\frac{2}{3}d$〔m〕となる．ただしh_0〔m〕は支持点の地上高さ，また支持点がh_{01}およびh_{02}〔m〕のように異なる場合は，前記h_0にh_{01}とh_{02}の平均地上高さを使用すべきである．

平均地上高さ

2·8　インダクタンスの実測値と計算値

誘導障害防止研究委員会で，日本の架空送電線路（154kVまで）について，大地帰路のインダクタンスを50または60Hzでの実測から算出した値と，$h+H=2H_e=1000$m，$r=10$mm，$D=4$m として計算した値とを，1，2，3および6電線一括大地帰路のインダクタンスを比較したのが，表2·2である．

表2·2から $L_{e1}=2.4$mH/kmとし，また2線一括大地帰路の場合，1線あたりを$L_{e2}=1.75\times 2=3.5$mH/kmとすると，2·1(d)の式(2·17)から相互インダクタンスは $L_{em}=L_{e2}-L_{e1}=3.5-2.4=1.1$mH/km となり，また作用インダクタン

表2・2 大地帰路のインダクタンス〔mH/km〕

	1線と大地 L_{e1}	2線一括と大地 $L_{e2}/2$	3線一括と大地 $L_{e3}/3$	6線一括と大地 $L_{e6}/6$
実測平均値	2.44	1.73	1.48	1.25
計 算 値	2.40	1.78	1.57	1.36

スは式(2・14)から $L_1 = L_{e1} - L_{em} = 2.4 - 1.1 = 1.3$ mH/km となる．これらの値は，送電線路の大小すなわち使用電圧によって異なる電線の半径 r や線間距離 D によって，きわめてわずかの差となって現われるに過ぎない．すなわち，これまでからわかるとおり，D/r の対数で与えられるからである．よって，架空送電線路に対する各種のインダクタンスの概数としては，表2・2にあげた値を使用して差しつかえない．

2・9 地中ケーブルのインダクタンス

ケーブル　　地中電線路に用いるケーブル（cable）は，架空電線路に使うより線よりも一層細いより線を圧縮したもので，その絶縁はクラフト紙テープを巻いて絶縁油を含浸させたものか，ブチルゴムや架橋ポリエチレンを使用電圧に応じた厚さにする．心線は単心のものないし3心とし，主絶縁の外側には鉛被を施し，さらにジュート（黄麻の繊維）を巻く．外部から受ける損傷を防ぐため，鋼帯外装を施したものも使用され，またケーブル自体に張力のかかるところには，鋼線外装とする場合がある．

同心ケーブル　　(a) 同心ケーブル（concentric cable）

このようなケーブルは実用されないが，理論の発展上意義があるので記載することとした．図2・4において半径 r_1〔m〕の内部心線と内径 r_2〔m〕，外径 r_3〔m〕の外部同心線とがあり，いずれも $\mu_s = 1$ とし，それぞれ $\dot{I}$〔A〕と $-\dot{I}$〔A〕が通じているものとすれば，

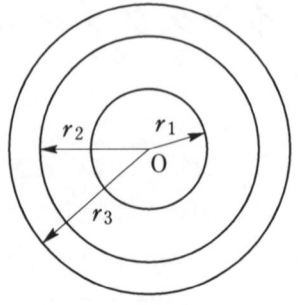

図2・4

O～r_1間の磁束密度　　$\dot{B}_{01} = \dfrac{2\dot{I}}{r_1^2} x \times 10^{-7}$ 〔Wb/m²〕　　(2・30)

r_1～r_2間の磁束密度　　$\dot{B}_{12} = \dfrac{2\dot{I}}{x} \times 10^{-7}$ 〔Wb/m²〕　　(2・31)

$$r_2 \sim r_3 \text{間の磁束密度} \quad \dot{B}_{23} = \frac{2\dot{I}}{x}\left(\frac{r_3^2 - x^2}{r_3^2 - r_2^2}\right) \times 10^{-7} \text{[Wb/m}^2\text{]} \quad (2\cdot 32)$$

となる．x は中心 O から $O \sim r_1$, $r_2 \sim r_1$ および $r_3 \sim r_2$ 間における任意半径を示す．なお，r_3 以外では，$\dot{I}$ および $-\dot{I}$ により磁束密度が相殺してしまうので，r_3 より外側には磁束がない．

内部心線の磁力線鎖交数は，上記3式を用いるとつぎのようになる．

$$\dot{\psi}_i = \left\{\int_0^{r_1} \frac{2x^3}{r_1^4}\dot{I}dx + \int_{r_1}^{r_2}\frac{2\dot{I}}{x}dx + \int_{r_2}^{r_3}\frac{2\dot{I}}{x}\left(\frac{r_3^2-x^2}{r_3^2-r_2^2}\right)dx\right\}\times 10^{-7}$$

$$= \left\{\frac{1}{2}\dot{I} + 2\dot{I}\log_\varepsilon\frac{r_2}{r_1} + 2\dot{I}\left(\frac{r_3^2}{r_3^2-r_2^2}\log_\varepsilon\frac{r_3}{r_2} - \frac{1}{2}\right)\right\}\times 10^{-7} \text{[Wb·turn/m]}$$

$$(2\cdot 33)$$

したがって，$\dot{I} = 1$ [A] の場合が，内部心線のインダクタンスである．

$$L_i = \left(2\log_\varepsilon\frac{r_2}{r_1} + 2\frac{r_3^2}{r_3^2-r_2^2}\log_\varepsilon\frac{r_3}{r_2} - \frac{1}{2}\right) \text{[H/m]} \quad (2\cdot 34)$$

つぎに，外部同心線の磁力線鎖交線は，

$$\dot{\psi}_0 = -\int_{r_2}^{r_3}\frac{x^2-r_2^2}{r_3^2-r_2^2}\cdot\frac{2\dot{I}}{x}\cdot\left(\frac{r_3^2-x^2}{r_3^2-r_2^2}\right)dx \times 10^{-7}$$

$$= -\frac{\dot{I}}{r_3^2-r_2^2}\left(\frac{r_3^2+r_2^2}{2} - \frac{2r_2^2 r_3^2}{r_3^2-r_2^2}\log_\varepsilon\frac{r_3}{r_2}\right)\times 10^{-7} \text{[Wb·turn/m]}$$

$$(2\cdot 35)$$

したがって，$-\dot{I} = -1$ [A] の場合，外部同心線のインダクタンスは，

$$L_0 = \frac{1}{r_3^2-r_2^2}\left(\frac{2r_2 r_3}{r_3^2-r_2^2}\log_\varepsilon\frac{r_3}{r_2} - \frac{r_2^2+r_3^2}{2}\right) \text{[H/m]} \quad (2\cdot 36)$$

これらから，二つの同心線からなる往復線のケーブルのインダクタンスは，$L = L_i + L_0$ [H/m] となる．

3心線ケーブル

(b) 3心線ケーブル

3心がそれぞれ円形断面であるとし，かつ鉛被および外装の損失がなく，これらに，平衡3相電流が通じているとすれば，1心に対するインダクタンスは，

$$L = \left(2\log_\varepsilon\frac{D}{r} + \frac{1}{2}\right) \text{[H/m]} \quad (2\cdot 37)$$

であって，D [m] は心線間距離，r [m] は心線半径とする．

次に，心線が扇形（sector form）か，半円形（semi-circular form or D-section）で

近似線間距離

あれば，**近似線間距離**は，

$$D = k\cdot 2r + t \text{ [m]} \quad (2\cdot 38)$$

ただし，r [m] は同じ断面積の円断面としての半径，t [m] は心線間の絶縁層の厚さ，k は定数で普通 0.84 である．

2 直列インダクタンス

3心油入ケーブル

(c) 3中空心線ケーブル

中空の3心油入ケーブル（OF cable）の場合のインダクタンスは，

$$L = 2\log_\varepsilon \frac{D}{r} + \frac{r_0^2}{r^2-r_0^2} 2\log_\varepsilon \frac{r}{r_0} + \frac{1}{2} \cdot \frac{r^2-3r_0^2}{r^2-r_0^2} \quad [\text{H/m}] \tag{2·39}$$

ただし，r〔m〕は中空心線の外径，r_0〔m〕はその内径を示す．

一体に，ケーブルはD/rが小さいので，インダクタンスも小さく，架空線のそれの1/6～1/3程度に過ぎない．

3 直列インピーダンス

前章までで，架空線および地中ケーブルに対する直列抵抗と直列インダクタンスについて，比較的詳細に記述したので，この章では，直列インピーダンスの誘導につき説明しよう．

前置きとして，1，2付言して置きたい．架空線では，硬銅より線かACSRであるが，配電線にはしだいにアルミより線が使われてくるであろう．ただし，より線であるから，表皮作用を無視してよい．

地中ケーブル｜**地中ケーブル**は，なんといっても導体の所要断面積を小さくして，絶縁物の断面積を軽減すべきであるから，細い硬銅より線の圧縮成形したものが主であるけれども，これまたアルミ線が使用されるようになると考える．ケーブルの場合，素線が細くかつ密着度が高いので，断面積が大となると表皮作用により25％も**実効抵抗**（effective resistance）が増加することがあるので，このような場合には分割導体にしたほうがよい．なお，ケーブルのように，大きな交流が近接して2導体以上存在すると，いわゆる**近接効果**（proximity effect）が現われ，導体間において，接近した側へ電流が集まろうとするから，これまた表皮作用と同様，交流の実効抵抗が直流の場合より大になるので，断面積が小さいと問題にならないが，大きい場合は，やはり分割した配置とすべきであろう．

次に問題になるのは，大地を帰路とする場合の大地抵抗である．実測されたところによると，往路が何本あっても，それらを一括して，大地との間に交流を通じたときの大地抵抗r_g〔Ω/km〕は，どの場合も平均0.011Ωであるといわれている．したがって，3相3線式の場合，3線一括大地帰路としたときの1線あたりの大地抵抗は $3r_g = 0.33$ Ω/km　となる．

架空地線｜前置きの最後として，架空送電線を落雷から護るために，**架空地線**（aerial ground wire）を設ける．普通は素線の鋼より線が用いられる．鉄塔その他の支持物ごとに接地されているから，送電線から見れば，ちょうど変圧器の閉回路2次側に相当するので，変圧器の1次側に相当する送電線のインダクタンスは減少し，抵抗が増す傾向となるが，実用的にはこの影響は無視できる程度である．

以上から，電線1本の抵抗をr_c〔Ω/km〕，電線数をn，周波数をf〔Hz〕とすれば，自己インダクタンスL_e〔mH/km〕による対地自己インピーダンスは，

$$\dot{Z}_e = r_c + nr_g + j2\pi f L_e \times 10^{-3} \text{〔Ω/km〕} \tag{3・1}$$

また，相互インダクタンスL_{em}〔mH/km〕によるリアクタンスは，

$$\dot{X}_{em} = j2\pi f L_{em} \times 10^{-3} \text{〔Ω/km〕} \tag{3・2}$$

であるから，回路電流が平衡している場合の1電線の仮想中性線（hypothetical neutral wire）に対する**作用インピーダンス**（working impedance）は，

$$\dot{Z} = r_c + j2\pi f L \times 10^{-3}$$

3 直列インピーダンス

$$= r_c + j2\pi f(L_e - L_{em}) \times 10^{-3} \, [\Omega/\text{km}] \tag{3・3}$$

なお，架空線では，$r_g = 0.11\Omega/\text{km}$，$L_e = 2.4\text{mH/km}$，$L_{em} = 1.1\text{mH/km}$ および $L = 1.3\text{mH/km}$ と考えてよく，ケーブルの L は，心線直径によって 0.211〜0.439 mH/km と相当違うので，架空線のように，ほぼ一定値と考えるわけにはいかない．

4 並列キャパシタンス

　送電線路の電線間および電線と大地間に，たとえば1mあたりに±1C，あるいは1Cを与えたとき，電線間の電位差あるいは電位が1Vとなれば，電線間あるいは電線と大地の間のキャパシタンスは，1Fとなるのはいうまでもない．

4・1　往復2架空電線のキャパシタンス

　インダクタンスの場合と同様に，半径それぞれr〔m〕の2電線が，D〔m〕の線間距離をもって，無限長にある場合を考える．電線内部は同電位であるが，電線の材質にかかわらない．

　いま，電線1に$+\dot{q}$〔C/m〕，また電線2に$-\dot{q}$〔C/m〕の電荷（charge）を与えたとすると，この回路の1断面において，電線1および2の中心からS_1およびS_2〔m〕の距離にあるP点の**電界の強さ**（intensity of electric field）$\dot{F}_1$および$\dot{F}_2$〔V/m〕は，それぞれ下記のとおりになる．

$$\left.\begin{array}{l}\dot{F}_1=\dfrac{2\dot{q}}{S_1}\times 9\times 10^9\ \text{〔V/m〕}\\[6pt]\text{および}\ \ \dot{F}_2=\dfrac{-2\dot{q}}{S_2}\times 9\times 10^9\ \text{〔V/m〕}\end{array}\right\} \tag{4・1}$$

$\dot{F}_1$と$\dot{F}_2$の式の誘導は，各自電気磁気学から求められたい．

　上記のような対称的な電荷の与え方によると，2電線の中心を結ぶ線の中点$D/2$〔m〕の点が0電位となるのは明らかであるので，いま，電界（electric field）の方向に相反して，1Cの電荷を$D/2$〔m〕の点からS_1またはS_2の間を運ぶのに必要な仕事量が，すなわちP点の電位$\dot{E}$〔V〕となる．

$$\begin{aligned}\dot{E}_P&=-\int_{\frac{D}{2}}^{S_1}\frac{2\dot{q}}{S_1}\times 9\times 10^9 dS_1-\int_{\frac{D}{2}}^{S_2}\frac{-2\dot{q}}{S_2}\times 9\times 10^9 dS_2\\&=2\dot{q}\left(\log_\varepsilon\frac{D}{2S_1}-\log_\varepsilon\frac{D}{2S_2}\right)\times 9\times 10^9\\&=2\dot{q}\log_\varepsilon\frac{S_2}{S_1}\times 9\times 10^9\ \text{〔V〕}\end{aligned} \tag{4・2}$$

次にP点を各電線表面にとったとすれば，

$$\left.\begin{array}{l}\dot{E}_1=2\dot{q}\log_\varepsilon\dfrac{D}{r}\times 9\times 10^9\ \text{〔V〕}\\[6pt]\dot{E}_2=-2\dot{q}\log_\varepsilon\dfrac{D}{r}\times 9\times 10^9\ \text{〔V〕}\end{array}\right\} \tag{4・3}$$

ただし，各電線上にP点を移した場合，$S_1=r$, $S_2=D-r$ であるが，架空線の場合$r \ll D$であるので$S_2 \simeq D$と考えてよい．

よって，1mあたりのキャパシタンスC_1およびC_2〔F/m〕は，

$$C=C_1=C_2=\frac{\dot{q}}{\dot{E}_1}=\frac{1}{2\log_\varepsilon \frac{D}{r} \times 9 \times 10^9} \quad \text{〔F/m〕} \tag{4・4}$$

実用単位に直すと，次式のようになる．

$$C=\frac{1}{2\log_\varepsilon \frac{D}{r}} \times \frac{1}{9}=\frac{0.02413}{\log_{10} \frac{D}{r}} \quad \text{〔}\mu\text{F/km〕} \tag{4・5}$$

4・2　1電線と大地間のキャパシタンス

半径r〔m〕の無限長電線が大地上h〔m〕の高さにある場合の電界は，大地面を鏡面として，この電線の影像（image）を大地面下h〔m〕に考え，大地を取去った場合の鏡面すなわち大地面上における電界と相等しい．したがって，線間距離が$2h$〔m〕となる場合のキャパシタンスは，

$$C=\frac{1}{2\log_\varepsilon \frac{2h}{r}} \times \frac{1}{9}=\frac{0.02413}{\log_{10} \frac{2h}{r}} \quad \text{〔}\mu\text{F/km〕} \tag{4・6}$$

となる．

4・3　2電線と大地の各キャパシタンス

同様にして，いま，半径それぞれr〔m〕，線間距離D〔m〕の無限長2電線1と2に，$\dot{q}_1$および$\dot{q}_2$〔C/m〕の電荷をそれぞれ与えると，大地上h_1およびh_2〔m〕にある場合の電界は，電線1および2の大地面下h_1およびh_2〔m〕にある各影像を考え，大地をなくして，1，1′，2および2′の4電線が，1と1′および2と2′がそれぞれ$2h_1$および$2h_2$〔m〕なる線間距離にあり，かつ1と2，あるいは1′と2′が，ともにD〔m〕の線間距離に配置されてあるとした場合の電界を取扱えばよい．このときの電線1および2の電位は，

$$\left.\begin{aligned}\dot{E}_1 &= \left(2\dot{q}_1 \log_\varepsilon \frac{2h_1}{r} + 2\dot{q}_2 \log_\varepsilon \frac{H}{D}\right) \times 9 \times 10^9 \text{〔V〕} \\ \dot{E}_2 &= \left(2\dot{q}_1 \log_\varepsilon \frac{H}{D} + 2\dot{q}_2 \log_\varepsilon \frac{2h_2}{r}\right) \times 9 \times 10^9 \text{〔V〕}\end{aligned}\right\} \tag{4・7}$$

式(4・7)におけるHは，電線1と2′，あるいは2と1′との間の距離であって，

$$H=\sqrt{\{D_2-(h_2-h_1)\}^2+(h_1+h_2)^2}=\sqrt{D^2+4h_1 h_2} \quad \text{〔m〕}$$

である．式(4・7)において，電位係数（coefficients of potential）を，それぞれ次の

4·3 2電線と大地の各キャパシタンス

とおりに置く．

$$p_{11} = 2\log_\varepsilon \frac{2h_1}{r} \times 9 \times 10^9 \quad [\text{F/m}]^{-1}$$
$$p_{22} = 2\log_\varepsilon \frac{2h_2}{r} \times 9 \times 10^9 \quad [\text{F/m}]^{-1}$$
$$p_{12} = p_{21} = 2\log_\varepsilon \frac{H}{D} \times 9 \times 10^9 \quad [\text{F/m}]^{-1}$$
(4·8)

しかるときは，式 (4·7) は，

$$\dot{E}_1 = p_{11}\dot{q}_1 + p_{12}\dot{q}_2 \quad [\text{V}]$$
$$\dot{E}_2 = p_{21}\dot{q}_1 + p_{22}\dot{q}_2 \quad [\text{V}]$$
(4·9)

式 (4·9) を $\dot{q}_1$ と $\dot{q}_2$ について解くと，

$$\dot{q}_1 = k_{11}\dot{E}_1 + k_{12}\dot{E}_2 \quad [\text{C/m}]$$
$$\dot{q}_2 = k_{21}\dot{E}_1 + k_{22}\dot{E}_2 \quad [\text{C/m}]$$
(4·10)

容量係数
誘電係数

となる．式 (4·10) における k_{11} および k_{22} は，それぞれ**容量係数** (coefficients of capacity) であり，また $k_{12} = k_{21}$ は，それぞれ**誘電係数** (coefficients of induction) であって，式 (4·9) を解くことによって，次のそれぞれのようになる．

$$k_{11} = \frac{p_{22}}{\Delta}, \quad k_{22} = \frac{p_{11}}{\Delta}, \quad k_{12} = k_{21} = -\frac{p_{12}}{\Delta} \quad [\text{F/m}]$$
(4·11)

ただし， $\Delta = p_{11}p_{22} - p_{12}^2 \quad [\text{F/m}]^{-2}$ (4·12)

次に，式 (4·10) を下記のように書き直す．

$$\dot{q}_1 = (k_{11} + k_{12})\dot{E}_1 + (-k_{12})(\dot{E}_1 - \dot{E}_2) \quad [\text{C/m}]$$
$$\dot{q}_2 = (k_{22} + k_{12})\dot{E}_2 + (-k_{12})(\dot{E}_2 - \dot{E}_1) \quad [\text{C/m}]$$
(4·13)

なお，式 (4·13) において，

$$C_{11} = k_{11} + k_{12}, \quad C_{12} = -k_{12}, \quad C_{22} = k_{22} + k_{12} \quad [\text{F/m}]$$
(4·14)

と置くと，この節に述べた大地上の2電線に対する対地および線間キャパシタンスは，図4·1に示すような配置となる．

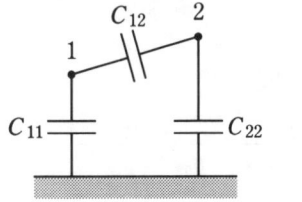

図4·1

もし，$h_1 = h_2 = h$ [m] であり，また $\dot{E}_1 = -\dot{E}_2 = \dot{E}$ [V] であるとすれば，式 (4·8) において，$p_{11} = p_{22}$，したがって $k_{11} = k_{22}$ となり，また式 (4·10) は，

$$\dot{q}_1 = (k_{11} - k_{12})\dot{E}_1 \quad [\text{C/m}]$$
$$\dot{q}_2 = (k_{11} - k_{12})\dot{E}_2 \quad [\text{C/m}]$$
(4·15)

となるので，各電線の仮想中性線に対するキャパシタンスは，

$$C = \frac{\dot{q}_1}{\dot{E}_1} = \frac{\dot{q}_2}{\dot{E}_2} = k_{11} - k_{12} = \frac{1}{p_{11} - p_{12}} \quad [\text{F/m}]$$
(4·16)

$$= \frac{1}{\left(2\log_\varepsilon \frac{2h}{r} - 2\log_\varepsilon \frac{\sqrt{D^2+4h^2}}{D}\right) \times 9 \times 10^9}$$

普通，$D \ll 2h$ であるので，

$$C \simeq \frac{1}{\left(2\log_\varepsilon \frac{D}{r} \times 9 \times 10^9\right)} \text{〔F/m〕} \tag{4・17}$$

実用的には，

$$C = \frac{0.02413}{\log_{10} \frac{D}{r}} \text{〔}\mu\text{F/km〕} \tag{4・18}$$

4・4　部分キャパシタンス

地上高 h〔m〕，線間距離 D〔m〕の2電線の場合，式 (4・14) のそれぞれは，

$$\left.\begin{array}{l} C_{11} = C_{22} = k_{11} + k_{12} = \dfrac{1}{p_{11}+p_{12}} \text{〔F/m〕} \\ C_{12} = -k_{12} = \dfrac{p_{12}}{p_{11}^2 - p_{12}^2} \text{〔F/m〕} \end{array}\right\} \tag{4・19}$$

部分キャパシタンス

となる．これらを**部分キャパシタンス**（partial capacitance）といい，図4・2のように示され，2電線に対称電圧を与えたとすれば，線間の中点が0電位で，大地電位と相等しくなるので，1線あたりのキャパシタンスは，

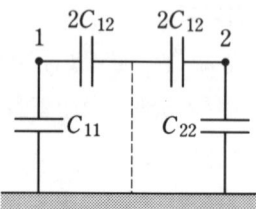

図4・2

$$\begin{aligned} C &= C_{11} + 2C_{12} \\ &= \frac{1}{p_{11}-p_{12}} + \frac{2p_{12}}{p_{11}^2 - p_{12}^2} \\ &= \frac{1}{p_{11}-p_{12}} \text{〔F/m〕} \end{aligned} \tag{4・20}$$

作用キャパシタンス

となり，式 (4・16) に示したものとなる．この場合の C を**作用キャパシタンス**（working capacitance）という．

4・5　2電線一括のキャパシタンス

前節において，2電線を一括して電線と大地の間に起電力 E〔V〕を与えたとする

と，式 (4・10) は，
$$\dot{q}_1 = \dot{q}_2 = (k_{11} + k_{12})\dot{E} \text{ [C/m]} \tag{4・21}$$
となり，この場合の1電線あたりの対地キャパシタンスは，
$$C_1 = C_{11} = C_{22} = k_{11} + k_{12}$$
$$= \frac{1}{p_{11} + p_{12}} = \frac{1}{\left(2\log_\varepsilon \frac{2h}{r} + 2\log_\varepsilon \frac{2h}{D}\right) \times 9 \times 10^9}$$
$$= \frac{1}{2\log_\varepsilon \frac{4h^2}{rD} \times 9 \times 10^9} \text{ [F/m]} \tag{4・22}$$

2電線一括では，
$$C_2 = 2C_1 \text{ [F/m]} \tag{4・23}$$
となる．

4・6　3相3線式の各キャパシタンス

半径 r [m] の無限長3電線が，線間距離 D_{12}, D_{23} および D_{31} [m] で配置され，地上高がそれぞれ h_1, h_2 および h_3 [m] とすれば，$\dot{q}_1$, $\dot{q}_2$ および $\dot{q}_3$ [C/m] を与えた場合の各電線電圧 $\dot{E}_1$, $\dot{E}_2$ および $\dot{E}_3$ [V] は，

$$\left.\begin{array}{l}\dot{E}_1 = p_{11}\dot{q}_1 + p_{12}\dot{q}_2 + p_{13}\dot{q}_3 \text{ [V]} \\ \dot{E}_2 = p_{21}\dot{q}_1 + p_{22}\dot{q}_2 + p_{23}\dot{q}_3 \text{ [V]} \\ \dot{E}_3 = p_{31}\dot{q}_1 + p_{32}\dot{q}_2 + p_{33}\dot{q}_3 \text{ [V]}\end{array}\right\} \tag{4・24}$$

式 (4・24) における各電位係数は，下記のように示されることは式 (4・8) を見れば容易にわかる．

$$\left.\begin{array}{l}p_{11} = 2\log_\varepsilon \dfrac{2h_1}{r} \times 9 \times 10^9 \\[4pt] p_{22} = 2\log_\varepsilon \dfrac{2h_2}{r} \times 9 \times 10^9 \\[4pt] p_{33} = 2\log_\varepsilon \dfrac{2h_3}{r} \times 9 \times 10^9 \\[4pt] p_{12} = p_{21} = 2\log_\varepsilon \dfrac{H_{12}}{D_{12}} \times 9 \times 10^9 \\[4pt] p_{23} = p_{32} = 2\log_\varepsilon \dfrac{H_{23}}{D_{23}} \times 9 \times 10^9 \\[4pt] p_{31} = p_{13} = 2\log_\varepsilon \dfrac{H_{31}}{D_{31}} \times 9 \times 10^9\end{array}\right\} \text{[F/m]}^{-1} \tag{4・25}$$

ただし，H_{12}, H_{23} および H_{31} [m] は，3電線1，2および3と，それらの影像間の斜距離（たとえば 1-2′ のように，1電線と他の影像間距離）を示す．

式 (4・24) を電荷につき解けば，

4 並列キャパシタンス

$$\left.\begin{array}{l}\dot{q}_1 = k_{11}\dot{E}_1 + k_{12}\dot{E}_2 + k_{13}\dot{E}_3 \text{ [C/m]} \\ \dot{q}_2 = k_{21}\dot{E}_1 + k_{22}\dot{E}_2 + k_{23}\dot{E}_3 \text{ [C/m]} \\ \dot{q}_3 = k_{31}\dot{E}_1 + k_{32}\dot{E}_2 + k_{33}\dot{E}_3 \text{ [C/m]} \end{array}\right\} \quad (4\cdot 26)$$

式 (4·26) における容量係数 k_{11}, k_{22} および k_{33} [F/m], 誘電係数 $k_{12} = k_{21}$, $k_{23} = k_{32}$ および $k_{31} = k_{13}$ [F/m] のそれぞれは, 式 (4·24) の3元連立方程式を解けば, 各電位係数の関数として求められる. 一例を示すと,

$$\left.\begin{array}{l} k_{11} = \dfrac{1}{\Delta}(p_{22}p_{33} - p_{23}{}^2) \\ k_{12} = k_{21} = \dfrac{-1}{\Delta}(p_{12}p_{33} - p_{13}p_{23}) \text{ [F/m]} \end{array}\right\} \quad (4\cdot 27)$$

ただし, $\Delta = p_{11}(p_{22}p_{33} - p_{23}{}^2) - p_{12}(p_{12}p_{33} - p_{13}p_{23})$
$\qquad\qquad - p_{12}(p_{12}p_{22} - p_{12}p_{23})$ [F/m]$^{-3}$

次に, 式 (4·26) を下記のように書きかえる.

$$\left.\begin{array}{l} \dot{q}_1 = (k_{11}+k_{12}+k_{13})\dot{E}_1 + (-k_{12})(\dot{E}_1 - \dot{E}_2) + (-k_{13})(\dot{E}_1 - \dot{E}_3) \text{ [C/m]} \\ \dot{q}_2 = (k_{22}+k_{21}+k_{23})\dot{E}_2 + (-k_{21})(\dot{E}_2 - \dot{E}_1) + (-k_{23})(\dot{E}_2 - \dot{E}_3) \text{ [C/m]} \\ \dot{q}_3 = (k_{33}+k_{31}+k_{32})\dot{E}_3 + (-k_{31})(\dot{E}_3 - \dot{E}_1) + (-k_{32})(\dot{E}_3 - \dot{E}_2) \text{ [C/m]} \end{array}\right\} \quad (4\cdot 28)$$

いま,

$$\left.\begin{array}{ll} C_{11} = k_{11} + k_{12} + k_{13}, & C_{12} = C_{21} = -k_{12} = -k_{21} \text{ [F/m]} \\ C_{22} = k_{22} + k_{21} + k_{23}, & C_{23} = C_{32} = -k_{21} = -k_{32} \text{ [F/m]} \\ C_{33} = k_{33} + k_{31} + k_{32}, & C_{31} = C_{13} = -k_{31} = -k_{13} \text{ [F/m]} \end{array}\right\} \quad (4\cdot 29)$$

と置けば, 式 (4·28) は下記のとおりになる.

$$\left.\begin{array}{l} \dot{q}_1 = C_{11}\dot{E}_1 + C_{12}(\dot{E}_1 - \dot{E}_2) + C_{13}(\dot{E}_1 - \dot{E}_3) \text{ [C/m]} \\ \dot{q}_2 = C_{22}\dot{E}_2 + C_{12}(\dot{E}_2 - \dot{E}_1) + C_{23}(\dot{E}_2 - \dot{E}_3) \text{ [C/m]} \\ \dot{q}_3 = C_{33}\dot{E}_3 + C_{13}(\dot{E}_3 - \dot{E}_1) + C_{23}(\dot{E}_3 - \dot{E}_2) \text{ [C/m]} \end{array}\right\} \quad (4\cdot 30)$$

部分キャパシタンス　と表わされ, C_{11}, … および C_{12}, … は, それぞれ**部分キャパシタンス**となる.

以上において, 3電線がよく撚架され, しかも平衡3相電圧が与えられたとすると, $\dot{E}_1 + \dot{E}_2 + \dot{E}_3 = 0$ であるから, $\dot{E}_1 = -(\dot{E}_2 + \dot{E}_3)$ [V] となる. また撚架によって, 幾何平均線間距離 $D = \sqrt[3]{D_{12}D_{23}D_{31}}$ [m], 幾何平均地上高 $h = \sqrt[3]{h_1 h_2 h_3}$ [m], および幾何平均斜距離 $H = \sqrt[3]{H_1 H_2 H_3} = \sqrt{D^2 + 4h^2} \simeq 2h$ [m] を使用することができるので, 電位係数, 容量係数および誘電係数は, それぞれつぎのようになる.

$$\left.\begin{array}{l} p_{11} = p_{22} = p_{33} = 2\log_\varepsilon \dfrac{2h}{r} \times 9 \times 10^9 \text{ [F/m]}^{-1} \\ p_{12} = p_{21} = p_{23} = p_{32} = p_{13} = p_{31} = 2\log_\varepsilon \dfrac{2h}{D} \times 9 \times 10^9 \text{ [F/m]}^{-1} \\ k_{11} = k_{22} = k_{33} = \dfrac{p_{11} + p_{12}}{(p_{11} - p_{12})(p_{11} + 2p_{12})} \text{ [F/m]} \\ k_{12} = k_{23} = k_{31} = -\dfrac{p_{12}}{(p_{11} - p_{12})(p_{11} + 2p_{12})} \text{ [F/m]} \end{array}\right\} \quad (4\cdot 31)$$

よって, たとえば式 (4·26) の第1式は,

-24-

$$\dot{q}_1 = k_{11}\dot{E}_1 + k_{12}(\dot{E}_2 + \dot{E}_3)$$
$$= k_{11}\dot{E}_1 + k_{12}(-\dot{E}_1)$$
$$= (k_{11} - k_{12})\dot{E}_1 \quad [\text{C/m}] \tag{4·32}$$

ゆえに，平衡3相3線式において，仮想中性線に対する1電線のキャパシタンス，すなわち**作用キャパシタンス**は，

<!-- margin: 作用キャパシタンス -->

$$C = k_{11} - k_{12} = \frac{p_{11} + 2p_{12}}{(p_{11}-p_{12})(p_{11}+2p_{12})} = \frac{1}{p_{11}-p_{12}}$$
$$= \frac{1}{2\log_\varepsilon \frac{D}{r} \times 9 \times 10^9} \quad [\text{F/m}] \tag{4·33}$$

となり，往復2電線の場合とまったく同一になることに十分注意すべきである．

4·7　3電線一括のキャパシタンス

前節の3電線の電圧が，$\dot{E}_1 = \dot{E}_2 = \dot{E}_3$，すなわち一括して大地との間に電圧が与えられたとすると，1電線の**大地キャパシタンス**は，式(4·26)から，

<!-- margin: 大地キャパシタンス -->

$$\dot{q}_1 = (k_{11} + 2k_{12})\dot{E}_1 = C_{11}\dot{E}_1 \quad [\text{C/m}] \tag{4·34}$$

よって，

$$C_{11} = k_{11} + 2k_{12}$$
$$= \frac{p_{11} + p_{12} - 2p_{12}}{(p_{11}-p_{12})(p_{11}+2p_{12})} = \frac{1}{p_{11}+2p_{12}}$$
$$= \frac{1}{\left\{2\log_\varepsilon \frac{2h}{r} + 2\log_\varepsilon \left(\frac{2h}{D}\right)^2\right\} \times 9 \times 10^9}$$
$$= \frac{3}{2\log_\varepsilon \frac{8h^3}{rD^2} \times 9 \times 10^9} \quad [\text{F/m}] \tag{4·35}$$

したがって，3電線を一括した場合の**全キャパシタンス**は，

<!-- margin: 全キャパシタンス -->

$$3C_{11} = \frac{3}{2\log_\varepsilon \frac{8h^3}{rD^2} \times 9 \times 10^9} \quad [\text{F/m}] \tag{4·36}$$

である．

次に，平衡3相電圧を加えた場合の1電線の作用キャパシタンスCは，式(4·29)の関係を使って次のとおりになる．

$$C = k_{11} - k_{12} = k_{11} + 2k_{12} - 3k_{12}$$
$$= C_{11} + 3C_{12} \quad [\text{F/m}] \tag{4·37}$$

4·8 架空地線のある3相3線式1回線・2回線のキャパシタンス

架空地線

普通66kV以上の架空送電線1回線または2回線を同一支持物に添架する送電線路には,支持物ごとに接地した**架空地線**を1本または2本(超高圧送電線2回線を同一鉄塔に添架する場合に多い)を設けるので,その影響が主送電線のキャパシタンスに与えられる.

この節では,始めから送電線は同一半径 r [m] であり,同一回線においては,幾何平均線間距離 D [m],また回線間の幾何平均線間距離 D' [m] となるよう,同一回線ならびに回線間の撚架を施してあるものとする.

なお,架空線が仮に1本とすれば,架空地線 g との幾何平均距離を D_g [m] も同様に考えられる.

かくして,3相1回線の場合の線路を横切る1断面においては,四つの導体群があることになるので,電荷と電圧の関係は,導体群の配置さえわかれば,電位係数 p_{11}, p_{12} [F/m]$^{-1}$ は,これまで示したところから,次のように同一手法で求められる.

$$\left.\begin{array}{l} \dot{E}_1 = p_{11}\dot{q}_1 + p_{12}\dot{q}_2 + p_{13}\dot{q}_3 + p_{1g}\dot{q}_g \quad [\text{V}] \\ \quad\quad\quad\quad\cdots\cdots\cdots\cdots\cdots \\ \dot{E}_g = p_{1g}\dot{q}_1 + p_{2g}\dot{q}_2 + p_{3g}\dot{q}_3 + p_{gg}\dot{q}_g = 0 \, [\text{V}] \end{array}\right\} \quad (4\cdot38)$$

ここに,p_{1g} [F/m]$^{-1}$ は,電線1と架空地線による電位係数であり,$\dot{E}_g$ [V],$\dot{q}_g$ [C/m] は架空地線の電圧と電荷を示すが,地線であるから当然 $\dot{E}_g = 0$ [V] でなければならない.

式 (4·38) から,

$$\dot{q}_g = -\frac{1}{p_{gg}}(p_{1g}\dot{q}_1 + p_{2g}\dot{q}_2 + p_{3g}\dot{q}_3) \, [\text{C/m}] \quad (4\cdot39)$$

となる.したがって,式 (4·39) をたとえば式 (4·38) の第1式に入れると,

$$\dot{E}_1 = \left(p_{11} - \frac{p_{1g}^2}{p_{gg}}\right)\dot{q}_1 + \left(p_{12} - \frac{p_{1g}p_{2g}}{p_{gg}}\right)\dot{q}_2 + \left(p_{13} - \frac{p_{1g}p_{3g}}{p_{gg}}\right)\dot{q}_3 \, [\text{V}] \quad (4\cdot40)$$

となる.式 (4·40) で電位係数のそれぞれを下記のとおりに置く.

$$P_{11} = p_{11} - \frac{p_{1g}^2}{p_{gg}}, \quad P_{12} = P_{13} = p_{12} - \frac{p_{1g}^2}{p_{gg}} \, [\text{F/m}]^{-1} \quad (4\cdot41)$$

よって,式 (4·40) は架空地線の影響の入った電位係数 P_{11} を用いると,3相1回線の場合と同様に扱うことができる.すなわち,たとえば電線1に対して,

$$\dot{E}_1 = P_{11}\dot{q}_1 + P_{12}(\dot{q}_2 + \dot{q}_3) \, [\text{V}] \quad (4\cdot42)$$

式 (4·42) と,電線2および3に対する式の3元連立方程式から,$\dot{q}_1$ などの電荷を求めると,

4·8 架空地線のある3相3線式1回線・2回線のキャパシタンス

$$\dot{q}_1 = \frac{P_{11}+P_{12}}{(P_{11}-P_{12})(P_{11}+2P_{12})}\dot{E}_1 + \frac{-P_{12}}{(P_{11}-P_{12})(P_{11}+2P_{12})}(\dot{E}_2+\dot{E}_3)$$
$$= K_{11}\dot{E}_1 + K_{12}(\dot{E}_2+\dot{E}_3) \quad [\text{C/m}] \tag{4·43}$$

平衡3相電圧とすれば $\dot{E}_1 = -(\dot{E}_2+\dot{E}_3)$ [V] であるから,

$$\dot{q}_1 = \frac{1}{P_{11}-P_{12}}\dot{E}_1 = \frac{1}{p_{11}-p_{12}}\dot{E}_1 = (K_{11}-K_{12})\dot{E}_1 \quad [\text{C/m}] \tag{4·44}$$

作用キャパシタンス

かくして, 3相電圧が平衡している場合の1線対中性線に対する**作用キャパシタンス**は,

$$C = \frac{1}{P_{11}-P_{12}} = K_{11} - K_{12} = \frac{1}{2\log_\varepsilon \frac{D}{r} \times 9\times 10^9} \quad [\text{F/m}] \tag{4·45}$$

となり, 架空地線のない場合と一致する.

つぎに3相3線式2回線で, 架空地線が1本の場合のキャパシタンスは, やはり同様に求められる. すなわち, 線路を横断する断面において, 七つの導体群があるので, 電位係数を $p_{11}, p_{12}, \cdots, p_{1g}$ [F/m]$^{-1}$ と置くと,

$$\left.\begin{array}{l}\dot{E}_1 = p_{11}\dot{q}_1 + p_{12}\dot{q}_2 + \cdots + p_{1g}\dot{q}_g \quad [\text{V}] \\ \cdots\cdots\cdots\cdots\cdots \\ \dot{E}_g = p_{1g}\dot{q}_1 + p_{2g}\dot{q}_2 + \cdots + p_{gg}\dot{q}_g = 0 \quad [\text{V}]\end{array}\right\} \tag{4·46}$$

よって, 前記のとおり,

$$\dot{q}_g = -\frac{1}{p_{gg}}(p_{1g}\dot{q}_1 + p_{2g}\dot{q}_2 + \cdots + p_{6g}\dot{q}_6) \quad [\text{C/m}] \tag{4·47}$$

式(4·47)を式(4·46)に入れると,

$$\dot{E}_1 = \left(p_{11} - \frac{p_{g1}^2}{p_{gg}}\right)\dot{q}_1 + \cdots + \left(p_{16} - \frac{p_{6g}^2}{p_{gg}}\right)\dot{q}_6 \quad [\text{V}] \tag{4·48}$$

$$= P_{11}\dot{q}_1 + \cdots + P_{16}\dot{q}_6 \quad [\text{V}] \tag{4·49}$$

ただし, $P_{11}, \cdots, P_{16}$ は, 式(4·48)のかっこ内である.

いま, 3相2回線において, 1, 2および3と4, 5および6が, それぞれ対称におかれ, しかも与えた電荷が $\dot{q}_1 = \dot{q}_4, \dot{q}_2 = \dot{q}_5$ および $\dot{q}_3 = \dot{q}_6$ [C/m] であるとすれば, $\dot{E}_1 = \dot{E}_4, \dot{E}_2 = \dot{E}_5$ および $\dot{E}_3 = \dot{E}_6$ [V] であるので, 式(4·49)は下記のようになる.

すなわち,

$$\dot{E}_1 = (P_{11}+P_{14})\dot{q}_1 + (P_{12}+P_{15})\dot{q}_2 + (P_{13}+P_{16})\dot{q}_3$$
$$= Q_{11}\dot{q}_1 + Q_{12}\dot{q}_2 + Q_{13}\dot{q}_3 \quad [\text{V}] \tag{4·50}$$

など. ただし, Q_{11}, Q_{12} [F/m]$^{-1}$ などは, 式(4·50)のかっこ内を示す.

式(4·50)から逆に電荷を求めると,

$$\dot{q}_1 = K_{11}\dot{E}_1 + K_{12}\dot{E}_2 + K_{13}\dot{E}_3 \quad [\text{C/m}] \tag{4·51}$$

などとなる. ここに,

$$K_{11} = \frac{1}{\Delta}(Q_{22}Q_{33} - Q_{23}^2) \quad [\text{F/m}] \tag{4·52}$$

などで, $K_{11} = K_{22} = K_{33}$ であり,

4 並列キャパシタンス

$$\Delta = Q_{11}(Q_{22}Q_{33} - Q_{23}^2) - Q_{12}(Q_{12}Q_{33} - Q_{13}Q_{23})$$
$$- Q_{13}(Q_{13}Q_{22} - Q_{12}Q_{23}) \,[\text{F/m}]^{-3}$$

また，

$$K_{12} = K_{21} = \frac{-1}{\Delta}(Q_{12}Q_{33} - Q_{31}Q_{23}) \,[\text{F/m}] \tag{4·53}$$

であり，$K_{12} = K_{23} = K_{31}$ となる．

なお，$Q_{11} = Q_{22} = Q_{33}$ であり，また $Q_{12} = Q_{21} = Q_{23} = Q_{32} = Q_{13} = Q_{31}$ であるので，

$$\left.\begin{array}{l} K_{11} = \dfrac{Q_{11} + Q_{12}}{(Q_{11} - Q_{12})(Q_{11} + 2Q_{12})} \,[\text{F/m}] \\[2ex] \text{および，} \\[1ex] K_{12} = -\dfrac{Q_{12}}{(Q_{11} - Q_{12})(Q_{11} + 2Q_{12})} \,[\text{F/m}] \end{array}\right\} \tag{4·54}$$

よって平衡3相電圧 $\dot{E}_1 + \dot{E}_2 + \dot{E}_3 = 0$ であるとすれば，式 (4·51) において，

$$\dot{q}_1 = (K_{11} - K_{12})\dot{E}_1 \,[\text{C/m}] \tag{4·55}$$

作用キャパシタンス これより，作用キャパシタンス C [F/m] は，

$$C = K_{11} - K_{12} = \frac{1}{Q_{11} - Q_{12}} = \frac{1}{P_{11} - P_{12}} \,[\text{F/m}] \tag{4·56}$$

式 (4·49) において，$p_{11} = p_{22} = p_{33} = p_{44} = \cdots$，$p_{12} = p_{21} = p_{23} = p_{32} = p_{13} = p_{31} = p_{14} = p_{41} = p_{24} = p_{42} = \cdots$，$p_{gg}$ および $p_{1g} = p_{2g} = p_{3g} = \cdots$ であるから，$P_{11} = P_{22} = \cdots$，および $P_{12} = P_{23} = \cdots$ であるので，

$$C = \frac{1}{p_{11} - p_{12}} = \frac{1}{2\log_\varepsilon \dfrac{D}{r} \times 9 \times 10^9} \,[\text{F/m}] \tag{4·57}$$

作用インダクタンス となり，単相または直流2線式，3相3線式1回線の場合の対中性線に対する作用インダクタンスに相等しい．

つぎに，式 (4·51) において，$\dot{E}_1 = \dot{E}_2 = \dot{E}_3$ すなわち6線が一括されたとすると，

対地キャパシタンス 電線1本の対地キャパシタンス C_1 は，

$$\dot{q}_1 = (K_{11} + 2K_{12})\dot{E}_1 \,[\text{C/m}] \tag{4·58}$$

よって，

$$\begin{aligned} C_1 &= K_{11} + 2K_{12} \\ &= \frac{1}{Q_{11} + 2Q_{12}} = \frac{1}{P_{11} + 5P_{12}} \\ &= \frac{1}{\left(p_{11} - \dfrac{p_{1g}^2}{p_{gg}}\right) + 5\left(p_{12} - \dfrac{p_{1g}^2}{p_{gg}}\right)} \,[\text{F/m}] \end{aligned} \tag{4·59}$$

式 (4·59) において，架空地線の影響を無視すると，

$$\begin{aligned} C_1 &\simeq \frac{1}{p_{11} + 5p_{12}} \\ &= \frac{1}{\left\{2\log_\varepsilon \dfrac{2h}{r} + 2\log_\varepsilon \left(\dfrac{2h}{D}\right)^5\right\} \times 9 \times 10^9} \end{aligned}$$

$$= \frac{1}{2\log_\varepsilon \frac{(2h)^6}{rD^5} \times 9 \times 10^9} \ [\text{F/m}] \tag{4.60}$$

6電線一括では$6C_1$〔F/m〕となることは当然である．なお，両回線間の幾何平均距離を，各回線間の幾何平均距離D〔m〕に等しいものとして扱っていることに注意されたい．

4・9　架空地線と2回線対地キャパシタンス

架空地線のある場合と無い場合を，154kV，2.69mm，19本よりの硬銅線の送電線1回線1電線について，対地キャパシタンスを比較すると，つぎのような差が表われる．

対地キャパシタンス

　　地線1本あり　　$C_1 = 0.0051980 \mu\text{F/km}$
　　地線　なし　　　$C_1 = 0.0048201$　〃

したがって，**対地キャパシタンス**は1電線あたり，地線が1本あると，ない場合より1.08倍になる．

また，3相2回線の場合の合成対地キャパシタンスは，1回線の場合の2倍とはならないことは，この章の式($4 \cdot 6$)と式($4 \cdot 22$)の2倍を比較すれば，決して2倍とはなっていないことより理解できる．

4・10　単心ケーブルのキャパシタンス

図4・3に示す単心ケーブルの断面において，心線の半径をr_1〔m〕，鉛被（lead sheath）の内径をr_2〔m〕，中心Oより絶縁物内の任意の点Pまでの半径をx〔m〕とし，比誘電率（specific inductive capacity）をεとすれば，円筒状無限長導体の心線に$\dot{q}$〔C/m〕を与えた場合の電界の強さは，

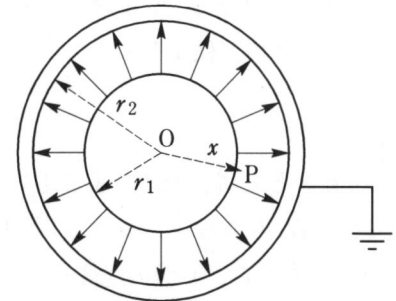

図4・3

$$\dot{F} = \frac{2\dot{q}}{\varepsilon x} \times 9 \times 10^9 \ [\text{V/m}] \tag{4.61}$$

鉛被の外面が完全に接地してあるとすれば，心線と鉛被との間の電位差，すなわち心線の電位は，

$$\dot{E} = -\int_{r_2}^{r_1} \frac{2\dot{q}}{\varepsilon x} \times 9 \times 10^9 dx$$

$$= \frac{2\dot{q}}{\varepsilon} \times 9 \times 10^9 \int_{r_1}^{r_2} \frac{dx}{x}$$

$$= \frac{2\dot{q}}{\varepsilon} \log_\varepsilon \frac{r_2}{r_1} \times 9 \times 10^9 \quad \text{(V)} \tag{4·62}$$

心線の キャパシタンス

したがって，心線のキャパシタンスは，

$$C = \frac{\dot{q}}{\dot{E}} = \frac{\varepsilon}{2\log_\varepsilon \dfrac{r_2}{r_1} \times 9 \times 10^9} \quad \text{(F/m)} \tag{4·63}$$

$$= \frac{0.0241\varepsilon}{\log_{10} \dfrac{r_2}{r_1}} \quad \text{(μF/km)} \tag{4·64}$$

油浸紙絶縁では，$q = 3.4 \sim 3.9$ 程度である．

4·11 ケーブル断面中任意の位置にある心線の電位

いま，図4·4のように半径R〔m〕の円の中心Oから，任意の距離x〔m〕$(x < R)$に点1を考え，$\overline{O1}$直線の延長上に点1′を，下記の条件をみたすようにとる．

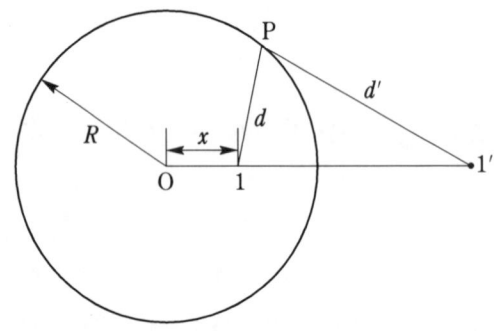

図4·4

$$\overline{O1} \cdot \overline{O1'} = R^2 \quad \text{(m}^2\text{)}$$

反転点

しかるときは，1′をこの円について，1の**反転点**（inverse point）という．したがって，円周上に任意の点Pをとり，1および1′までの距離を，それぞれdおよびd'〔m〕とすれば，常につぎの関係になる．

$$\frac{d'}{d} = \frac{R}{x}$$

さて，以上を前置きとして，点1および1′に，Rに対しあまり大きくない半径r〔m〕の並行2心線があるものとし，かつ$\dot{q}$および$-\dot{q}$〔C/m〕の電荷を与えたとすれば，4·1に述べたところから，心線の配置がすべて空間とすれば，P点の電位$\dot{E}$〔V〕は，

$$\dot{E} = 2\dot{q}\log_\varepsilon \frac{d'}{d} \times 9 \times 10^9 = 2\dot{q}\log_\varepsilon \frac{R}{x} \times 9 \times 10^9 \quad \text{(V)} \tag{4·65}$$

となり，R円上すべて同電位となる．

つぎに，R円をケーブルの鉛被とし，かつ完全に接地され0電位となっているとする．もし，接地していないとすると，式(4·65)で示された$\dot{E}$〔V〕が発生するはずであるから，R円が接地されて0電位になるためには，$-2\dot{q}\log_\varepsilon\dfrac{R}{x}\times9\times10^9$〔V〕なる電位が生ずるような電荷が$R$円上にあると想像すればよい．

なお，これまでに考えた心線や鉛被は，どれも空間に配置されているとしたが，比誘電率εなる誘電体（dielectric substance）中に配置したとすれば，すべての電荷を$1/\varepsilon$倍にして置けば，空間中に存在する心線配置としてなんら変わるところがない．

よって，図4·4のR円内に，任意のP点を考え，かつ前述のように，すべて誘電体で取巻かれている場合のP点の電位は，

$$\dot{E}=\left(2\dfrac{\dot{q}}{\varepsilon}\log_\varepsilon\dfrac{d'}{d}-2\dfrac{\dot{q}}{\varepsilon}\log_\varepsilon\dfrac{R}{x}\right)\times9\times10^9\ \text{〔V〕} \tag{4·66}$$

ただし，この場合のdおよびd'〔m〕は，R円内のP点と心線1および1'との間の距離を示す．式(4·66)の右辺第2項は，R円にある電荷を与えて生じた電位であるから，R円の電位であると同時に，R円の内部はR円の電位と同電位にあることを示すものである．

このようなP点を，心線1の上にとったとすれば，$d=r$，$d'=\overline{11'}=\dfrac{R^2-x^2}{x}$となるので，

$$\begin{aligned}\dot{E}_1&=\left(2\dfrac{\dot{q}}{\varepsilon}\log_\varepsilon\dfrac{R^2-x^2}{xr}-2\dfrac{\dot{q}}{\varepsilon}\log_\varepsilon\dfrac{R}{x}\right)\times9\times10^9\\&=\dfrac{2\dot{q}}{\varepsilon}\log_\varepsilon\dfrac{R^2-x^2}{xr}\cdot\dfrac{x}{R}\times9\times10^9\\&=\dfrac{2\dot{q}}{\varepsilon}\log_\varepsilon\dfrac{R^2-x^2}{rR}\times9\times10^9\ \text{〔V〕}\end{aligned} \tag{4·67}$$

のようにして，所要の電位が求められる．ここに付記することは，R円に対し心線1の半径rは小さくて，与えられた電荷は1の上に均等に分布し，心線1の中心に集中したものとしての計算であることに，注意を要する．

4·12 3心ケーブルのキャパシタンス

3心線ケーブル

図4·5に示すよう1，2および3をそれぞれ半径r〔m〕の3心線ケーブルと考え，1'と2'を1および2に対する反転点とする．

しかるとき，いま心線1だけに電荷を与えた場合の心線1の電位は，前節の式(4·67)に示したところであるが，心線2の電位は，

$$\begin{aligned}\dot{E}_2&=\left(2\dfrac{\dot{q}}{\varepsilon}\log_\varepsilon\dfrac{\overline{1'2}}{12}-2\dfrac{\dot{q}}{\varepsilon}\log_\varepsilon\dfrac{R}{x}\right)\times9\times10^9\\&=2\dfrac{\dot{q}}{\varepsilon}\log_\varepsilon\dfrac{\overline{1'2}}{12}\cdot\dfrac{x}{R}\times9\times10^9\ \text{〔V〕}\end{aligned} \tag{4·68}$$

4 並列キャパシタンス

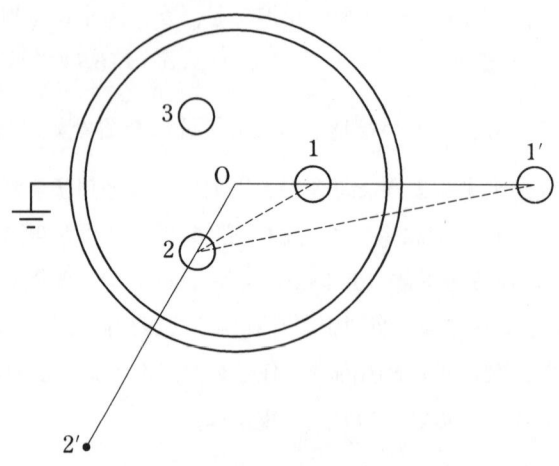

図 4·5

となる.

よって,式 $(4·67)$ および式 $(4·68)$ から電位係数は,

$$\left.\begin{array}{l} p_{11}=\dfrac{2}{\varepsilon}\log_\varepsilon\dfrac{R^2-x^2}{rR}\times 9\times 10^9 \ [\text{F/m}]^{-1} \\ p_{12}=\dfrac{2}{\varepsilon}\log_\varepsilon\dfrac{\overline{1'2}}{\overline{12}}\cdot\dfrac{x}{R}\times 9\times 10^9 \ [\text{F/m}]^{-1} \end{array}\right\} \quad (4·69)$$

もし,3心線の中心が正三角形の頂点にあり,かつ同一半径とすれば,$\overline{O1}=\overline{O2}=\overline{O3}=x$ であるから,

$$\left.\begin{array}{l} p_{11}=p_{22}=p_{33}=\dfrac{2}{\varepsilon}\log_\varepsilon\dfrac{R^2-x^2}{rR}\times 9\times 10^9 \quad [\text{F/m}]^{-1} \\ p_{12}=p_{23}=p_{31}=\dfrac{1}{\varepsilon}\log_\varepsilon\dfrac{R^4+x^2R^2+x^4}{3x^2R^2}\times 9\times 10^9\ [\text{F/m}]^{-1} \end{array}\right\} \quad (4·70)$$

電位係数 というように,すべての**電位係数**が求められる.

いま,心線1,2および3に平衡3相電圧が加えられたとすると,4·6の架空線についてキャパシタンスを算出したと同様に式 $(4·70)$ のそれぞれから,容量係数 k_{11} および誘電係数 k_{12} が,式 $(4·27)$ を用いて誘導できるので,各心線のいわゆる**作用キャパシタンス**は,

作用キャパシタンス

$$\begin{aligned} C &= k_{11}-k_{12}=\dfrac{1}{p_{11}-p_{12}} \\ &=\dfrac{\varepsilon}{\log_\varepsilon\dfrac{3x^2(R^2-x^2)^2}{r^2(R^4+x^2R^2+x^4)}}\times 9\times 10^9 \ [\text{F/m}] \end{aligned} \quad (4·71)$$

となる.

つぎに,3心線を一括したとすれば,これまた式 $(4·35)$ と同様に,心線あたりの**キャパシタンス**は下記のとおり求められる.

キャパシタンス

$$\begin{aligned} C_{11} &= k_{11}+2k_{12}=\dfrac{1}{p_{11}+2p_{12}} \\ &=\dfrac{\varepsilon}{2\log_\varepsilon\dfrac{R^6-x^6}{3rx^2R^3}\times 9\times 10^9} \ [\text{F/m}] \end{aligned} \quad (4·72)$$

4・13　複導体送電線のキャパシタンス

　複導体を使用した送電線に対するキャパシタンスとしては，4・2に述べたとおり，複導体に対する等価半径を使えば［式(2・27)参照］，容易にキャパシタンスの計算が行なえる．

5 並列アドミタンス

並列アドミタンス　前章で架空線とケーブルに対するキャパシタンスが，それぞれ求められたから，この章では**並列アドミタンス**を算出しよう．

まず，最初に漏れコンダクタンス（leakage conductance）またはリーカンス（leakance）についてふれておく．

漏れコンダクタンス　架空送電線路での**漏れコンダクタンス**は，主としてがいしとコロナによるものである．普通の250mmの懸垂がいし1個に対する漏れコンダクタンスは，約2300pS〔$\mu\mu$S〕程度であるが，154kV用として1連10個とすると，42pSになるので，一般に送電線の定態電気特性を計算する場合，漏れコンダクタンスを省略してさしつかえない．ただ，66kV級のピンがいしを使用している場合の雨天時に，若干増す傾向があるので，中性点に消弧リアクトルを用いる場合，1線地路電流の電圧と同相成分を増すことを記憶すべきである．

コロナ　同様のことが，**コロナ**についてもいえるのであるが，平常運転時にコロナを発生するような設計は，もとよりさけなければならない．したがって，がいしの場合と同様に，平常時のコロナによる漏れコンダクタンスも考えるにおよばない．

つぎに，ケーブルの漏れコンダクタンスは，使用する誘導体と心線数によって幾分の違いがある．要するに誘電体力率（dielectric power factor）によって，漏れコンダクタンスがきまってくる．もちろん誘電体力率の小さいことが望まれ，普通，単心ケーブルで0.01以下，3心ケーブルで0.015以下とされている．

サセプタンス　さて，並列アドミタンスの主たるものは，キャパシタンスによる**サセプタンス**（susceptance）であるが，前述のがいし連についていいそえて置くと，250mm懸垂がいしでは，1個約44pFあるので，154kV用1連10個の場合約9pFとなる．よって架空線径間250mとすれば，kmあたり4連となるので，約36pF/kmとなる．これは，架空線自体の使用キャパシタンスの0.5％以下となるので，もちろん無視できる範囲といえる．しかし，ピンがいしでは，2～3％位になる場合もあることをつけ加えて置く．

いま，架空地線をも考慮して，一般的容量および誘電係数を，それぞれK_{11}およびK_{12}〔F/m〕，対地および仮想中性線に対する漏れコンダクタンスをそれぞれg_gおよび**アドミタンス**　g〔S/km〕とすれば，3相1回線または2回線を一括した場合の1線あたりアドミタンスは，

$$\left.\begin{array}{ll} 1回線の場合 & \dot{Y}_e = g_g + j2\pi f C_1 \times 10^{-3} = g_g + j2\pi f(K_{11}+2K_{12})\times 10^{-3} \text{〔S/km〕} \\ 2回線の場合 & \dot{Y}_e = g_g + j2\pi f C_1 \times 10^{-3} = g_g + j2\pi f(K_{11}+5K_{12})\times 10^{-3} \text{〔S/km〕} \end{array}\right\}$$

(5・1)

作用並列アドミタンス　また，**作用並列アドミタンス**は，

5 並列アドミタンス

$$\dot{Y} = g + j2\pi fC \times 10^{-3} = g + j2\pi f(K_{11} - K_{12}) \times 10^{-3} \quad [\text{S/km}] \tag{5·2}$$

のようになる．なお，架空地線の影響を無視する場合およびケーブルの場合は，K_{11} および K_{12} は，いずれも k_{11} および k_{12} となること当然であり，また作用並列アドミタンスの場合は $C = K_{11} - K_{12} = k_{11} - k_{12}$ であって，架空地線の影響は初めから考えなくてよい．

6 零相分，正相分，逆相分インピーダンスとアドミタンス

不平衡3相回路を，対称座標分（symmetrical components）で扱う場合の零相分（zero-phase-sequence component），正相分（positive-phase-sequence component）および逆相分（negative-phase-sequence component）インピーダンスとアドミタンスは，3章と5章に述べたところから，それぞれ下記のとおりになる．

6・1 零相分インピーダンスとアドミタンス

零相分インピーダンス

(a) 零相分インピーダンス

3相1回線に対しては，2章の式 (2・18) と式 (2・19)，2回線に対しては，同章の式 (2・22) と式 (2・23)，および総括的に3章の式 (3・1) を参照すれば，1線あたりの零相分インピーダンス $\dot{Z}_0$ は，各回線数に対しそれぞれ下記のとおりになる．

$$\left.\begin{array}{ll} 1回線の場合 & \dot{Z}_0 = \dot{Z}_e = r_c + 3r_g + j2\pi f(L_e + 2L_{em}) \times 10^{-3} \ [\Omega] \\ 2回線の場合 & \dot{Z}_0 = \dot{Z}_e = r_c + 6r_g + j2\pi f(L_e + 5L_{em}) \times 10^{-3} \ [\Omega] \end{array}\right\} \quad (6\cdot1)$$

零相分アドミタンス

(b) 零相分アドミタンス

3相1回線に対しては，4章の式 (4・35)，2回線に対しては式 (4・60)，および総括的に5章の式 (5・1) と式 (5・2) を参照すれば，1線あたりの零相分アドミタンス $\dot{Y}_0$ は，各回線にそれぞれ下記のように与えられる．

$$\left.\begin{array}{ll} 1回線の場合 & \dot{Y}_0 = \dot{Y}_e = g_g + j2\pi f(K_{11} + 2K_{12}) \times 10^{-3} \ [S] \\ 2回線の場合 & \dot{Y}_0 = \dot{Y}_e = g_g + j2\pi f(K_{11} + 5K_{12}) \times 10^{-3} \ [S] \end{array}\right\} \quad (6\cdot2)$$

なお，ケーブルの場合の零相分インピーダンスとアドミタンスに対しても，インダクタンスについては2・8，またキャパシタンスについては4・10以下をそれぞれ参照すれば，架空線の場合と同様にして求められる．

6・2 正相分インピーダンスとアドミタンス

正相分インピーダンス

(a) 正相分インピーダンス

平衡3相電流の場合は，1回線でも2回線でも，なんら相違するところがない．すなわち仮想中性線帰路に対し，正相分すなわち作用インピーダンス $\dot{Z}_1$ は，式 (3・3)

に示したとおり下記のようになる．

$$\dot{Z}_1 = \dot{Z} = r_c + j2\pi f(L_e - L_{em}) \times 10^{-3} \ [\Omega/\text{km}] \tag{6・3}$$

正相分アドミタンス

(b) 正相分アドミタンス

平衡3相電圧であれば，正相分すなわち作用アドミタンス $\dot{Y}_1$ は，

$$\dot{Y}_1 = \dot{Y} = g + j2\pi f(K_{11} - K_{12}) \times 10^{-3} \ [\text{S/km}] \tag{6・4}$$

となる．また，ケーブルに対しての正相分インピーダンスもアドミタンスも，同様にして求められる．

6・3 逆相分インピーダンスとアドミタンス

架空線やケーブルのように，静止回路（static circuit）においては，平衡3相電流または電圧が加えられている場合，それらの相順（phase sequence）によって，インピーダンスやアドミタンスが違ってくることはない．よって前項の正相分インピーダンスとアドミタンスは，そのまま逆相分インピーダンスとアドミタンスになる．

上記は，変圧器についてもいえるのであって，変圧器では零相分インピーダンスも正相分インピーダンスに等しい．しかし，回転機では各相分インピーダンスは皆違っていることに注意しなければならない．

7 演習問題

〔問題1〕次の問に対する答のうち，正しいものの一つの○の中に×印をつけよ．
硬アルミ線の導電率〔%〕は，およそ，
　A○30，B○45，C○69，D○75

〔問題2〕送電線路の線路定数とは何か，四つをあげよ．

〔問題3〕次の問に対する答のうち，正しいものの一つの○の中に×印をつけよ．
線路の単位長あたりの分布インダクタンス，抵抗，静電容量および漏れコンダクタンスをそれぞれ l, r, c および g とするときの伝搬定数は，
　A○ $\sqrt{r+j\omega l} \times \sqrt{g+j\omega c}$, B○ $(r+j\omega l) \times (g+j\omega c)$
　C○ $\sqrt{\dfrac{r+j\omega l}{g+j\omega c}}$, D○ $\sqrt{\dfrac{g+j\omega c}{r+j\omega l}}$

〔問題4〕次の問に対する答のうち，正しいものの一つの○の中に×印をつけよ．
3相3線式送電線の線間距離がそれぞれ D_1, D_2, D_3 の場合の等価線間距離は，
　A○ $D_1D_2+D_2D_3+D_3D_1$, B○ $\sqrt[3]{D_1^3+D_2^3+D_3^3}$
　C○ $\sqrt{D_1^2+D_2^2+D_3^2}$, D○ $\sqrt[3]{D_1D_2D_3}$

〔問題5〕次の問に答えよ．
心線の半径 r_1，鉛被の内半径 r_2 および長さ l のケーブルがある．このケーブルの絶縁抵抗はいくらか．ただし，絶縁物の抵抗率を ρ とする．

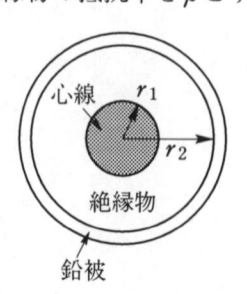

〔問題6〕次の問に対する答のうち，正しいものの一つの○の中に×印をつけよ．
3相3線式1回線の架空送電線において，D を線間距離〔cm〕，r を電線の半径〔cm〕とすれば，電線1条当たりの静電容量は，
　A○ $\log\dfrac{D}{r}$ に比例，B○ $\log\dfrac{D}{r}$ に逆比例

C○ $\log \frac{r}{D}$ に比例, D○ $\log \frac{r}{D}$ に逆比例

〔問題7〕 送電線の撚架の目的をあげよ.

〔問題8〕 次の問に対する答のうち,正しいものの一つの○の中に×印をつけよ.
　分布定数回路が無ひずみ線路（distortionless line）となる条件は,ただし,線路の単位長あたりの抵抗をr,インダクタンスをl,静電容量をc,漏れコンダクタンスをgとする.

　　A○ $rc = lg$,　B○ $rl = cg$,　C○ $r = \sqrt{\dfrac{l}{c}}$,　D○ $r = \sqrt{lc}$

〔問題9〕 真空中で図のように半径r〔m〕の二つの無限長導体が,その中心間の間隔d〔m〕を隔てて,並行に置かれている場合,その単位長当たりの導体間の静電容量〔F/m〕を求めよ.ただし,dはrに比して十分大きいものとする.

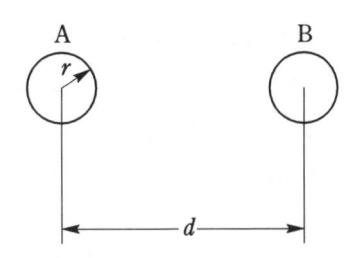

〔問題10〕 こう長がlで,完全に撚架された3相3線式1回線の送電線路がある.各電線の電位をv_1, v_2, v_3,単位長当たりの電荷をそれぞれq_1, q_2, q_3とし,また,電位係数をp, p'とするとき,次の関係式が成立する.

$$\begin{pmatrix} v_1 \\ v_2 \\ v_3 \end{pmatrix} = \begin{pmatrix} p & p' & p' \\ p' & p & p' \\ p' & p' & p \end{pmatrix} \cdot \begin{pmatrix} q_1 \\ q_2 \\ q_3 \end{pmatrix}$$

この場合,下記について,全こう長の静電容量をp, p'で表わせ.
(a) 2線を開放したとき,他の1線の大地に対する静電容量
(b) 2線を接地したとき,他の1線の大地に対する静電容量
(c) 3線を一括したものの大地に対する静電容量

〔問題11〕 次の問に対する答のうち,正しいものの一つの○の中に×印をつけよ.
断面積100mm², 長さ1kmの硬アルミ線の電気抵抗値〔Ω〕は,およそ,
　A○ 0.29,　B○ 0.46,　C○ 3.22,　D○ 10.83

〔問題12〕 次の□□□中に適当な答を記入せよ.
導体に高周波電流が流れているとき,導体内部の□□□は均一にならない.この□□□は内部に至る程□□□く,かつ,交流□□□の大きい程著しい.これを導体の□□□効果という.

〔問題13〕次の問に対する答のうち，正しいものの一つの○の中に×印をつけよ．
電気導体として使用されるアルミニウムの導電率〔％〕は，およそ，
　　A○10，B○30，C○60，D○90

〔問題14〕図のような同心円筒形の電極がある．この電極間に誘電率ε_0なる誘電体がある場合の静電容量を，単位長当り $C = \dfrac{2\pi\varepsilon_0}{\log\dfrac{b}{a}}$ であるとすれば，もし，この電極間に抵抗率ρなる物質をつめると，電極間の単位長当りの抵抗はいくらか．

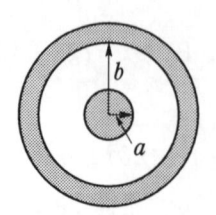

〔問題15〕次の問に対する答のうち，正しいものの一つの○の中に×印をつけよ．
1回線架空送電線の零相リアクタンス（架空地線は考えないものとする）は，正相リアクタンスのおよそ何倍か．
　　A○1～2，B○2～3，C○3～4，D○4～5

〔問題16〕3相1回線の送電線がある．いま，その2線を一括して大地を帰路とするインダクタンスを測定したところ，1.78mH/km，次に3線を一括して大地を帰路とするインダクタンスを測定したところ，1.57mH/kmであった．この実測値から送電線路の大地を帰路とする1線1kmあたりの自己インダクタンス，相互インダクタンスおよび作用インダクタンスを求めよ．

〔問題17〕図に示すような断面をもち，往路を内部導体a，帰路を外部導体bとする無限長の同軸ケーブルがある．その単位長について，内部導体のインダクタンスを計算せよ．ただし，aの半径をrとし，bの内径および外径を，それぞれR_1およびR_2とする．

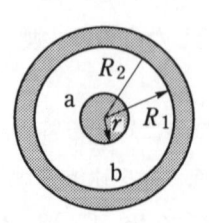

〔問題18〕超高圧送電線路に単導体を使用した場合と，複導体を使用した場合の利害損失を述べよ．

〔問題19〕次の□□□の中に適当な答を記入せよ．
交流電流が導体に流れるとき，電流は□□□に集まる傾向をもち，この傾向

は□が□なるほど著しい．この現象を□といい，これによって，導体の実効抵抗は，直流に対する値よりも□なる．

〔**問題20**〕図のように，心線の半径R_1，長さlの単心鉛被ケーブルの静電容量と絶縁抵抗とを求めよ．ただし，絶縁物は比誘電率をε，抵抗率をρとする．

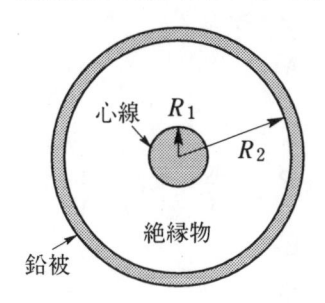

〔**問題21**〕図のような内部導体の外半径a，外部導体の内半径cの同軸ケーブルがある．これは半径bを境にして，誘電率ε_1とε_2との種類によって同軸的に絶縁してある．ここで，$\varepsilon_1 = n\varepsilon_2$とし，内側および外側絶縁物が耐えうる電界の強さの最大値を，それぞれmE_0およびE_0とするとき，このケーブルの耐えうる最大電位差およびこのときのbの値を求めよ．

ただし，aおよびcは与えられたものとする．

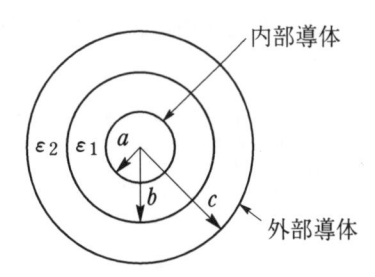

演習問題の解答

〔問題1〕 C

〔問題2〕 (1) 抵抗, (2) インダクタンス, (3) キャパシタンス, (4) 漏れコンダクタンス

〔問題3〕 A

〔問題4〕 D

〔問題5〕 $R = \dfrac{0.3665}{l} \log_{10} \dfrac{r_2}{r_1}$ 〔Ω〕

〔問題6〕 B

〔問題7〕 略

〔問題8〕 A

〔問題9〕 $C = \dfrac{1}{3.6 \log_\varepsilon \dfrac{d}{r}} \times 10^{-10}$ 〔F/m〕

〔問題10〕 (a) $\dfrac{l}{p}$, (b) $\dfrac{p+p'}{(p-p')(p+2p')} l$, (c) $\dfrac{3l}{p+2p'}$

〔問題11〕 A

〔問題12〕 電流密度, 密度, 小さ, 周波数, 表皮

〔問題13〕 C

〔問題14〕 $\rho \dfrac{\log_\varepsilon \dfrac{b}{a}}{2\pi}$

〔問題15〕 C

〔問題16〕 自己インダクタンス = 2.41mH/km,
相互インダクタンス = 1.15mH/km,
作用インダクタンス = 1.26mH/km

〔問題17〕 $L = 2 \log_\varepsilon \dfrac{R_1}{r} + \dfrac{2R_2{}^2}{R_2{}^2 - R_1{}^2} \log_\varepsilon \dfrac{R_2}{R_1} - \dfrac{1}{2}$

〔問題18〕 略

〔問題19〕 表面（導体表面）, 周波数, 高く（大）, 表皮効果（表皮作用）, 大きく

〔問題20〕 静電容量 $= \dfrac{l\varepsilon}{2\log_\varepsilon \dfrac{R_2}{R_1}} \dfrac{1}{9 \times 10^9}$ 〔F〕

絶縁抵抗 $= \dfrac{\rho}{2\pi l} \log_\varepsilon \dfrac{R_2}{R_1}$ 〔Ω〕

〔問題21〕 $b = mna$,

最大電位差 $= mnaE_0 \left(\dfrac{1}{n} \log_\varepsilon mn + \log_\varepsilon \dfrac{c}{mna} \right)$

索引

英字

3心線ケーブル	15, 31
3心油入ケーブル	16
3線一括	11
6線一括	11

ア行

アドミタンス	34
インダクタンス	5, 10

カ行

架空地線	17, 26
幾何平均回線間距離	11
幾何平均線間距離	10
キャパシタンス	32
近似線間距離	15
近接効果	17
ケーブル	14
コロナ	34
硬アルミ線	3
硬銅線	3
鋼心アルミより線	1
合成インダクタンス	11

サ行

サセプタンス	34
作用インダクタンス	7, 28
作用インピーダンス	17
作用キャパシタンス	22, 25, 27, 28, 32
作用並列アドミタンス	34
磁束鎖交数	6
磁束密度	5
自己インダクタンス	8
実効抵抗	4, 17
心線キャパシタンス	30
正相分アドミタンス	37
正相分インピーダンス	36

線路定数	2
全キャパシタンス	25
相互インダクタンス	9
相当大地面の深さ	8

タ行

たるみ	13
体積抵抗率	3
対地キャパシタンス	28, 29
大地キャパシタンス	25
地中ケーブル	17
弛度	13
抵抗の温度係数	3
電位係数	32
電線	1
電線抵抗	3
等価半径	12
同心ケーブル	14

ナ行

撚架	10

ハ行

反転点	30
表皮作用	3
部分キャパシタンス	22, 24
複導体	11
平均地上高さ	13
並列アドミタンス	34

ヤ行

誘電係数	21
より込み率	2
より線	1, 13
容量係数	21

ラ行

零相分アドミタンス 36
零相分インピーダンス 36
漏れコンダクタンス 34

d - book
送電線の線路定数

2000年11月9日　第1版第1刷発行

著　者　　埴野一郎
発行者　　田中久米四郎
発行所　　株式会社電気書院
　　　　　東京都渋谷区富ケ谷二丁目2-17
　　　　　（〒151-0063）
　　　　　電話03-3481-5101（代表）
　　　　　FAX03-3481-5414
制　作　　久美株式会社
　　　　　京都市中京区新町通り錦小路上ル
　　　　　（〒604-8214）
　　　　　電話075-251-7121（代表）
　　　　　FAX075-251-7133

印刷所　　創栄印刷株式会社
ⓒ2000IchiroHano　　　　　　　　　Printed in Japan
ISBN4-485-42929-6　　　　　　　　　［乱丁・落丁本はお取り替えいたします］

〈日本複写権センター非委託出版物〉

　本書の無断複写は，著作権法上での例外を除き，禁じられています．
　本書は，日本複写権センターへ複写権の委託をしておりません．
　本書を複写される場合は，すでに日本複写権センターと包括契約をされている方も，電気書院京都支社（075-221-7881）複写係へご連絡いただき，当社の許諾を得て下さい．